青创客成长学院　著

改变，是为遇见更好的自己

青创客第一季

中国青年出版社

图书在版编目（CIP）数据

改变，是为遇见更好的自己 / 青创客成长学院著 . —— 北京：
中国青年出版社，2020.1
（青创客；第一季）
ISBN 978-7-5153-1166-1

Ⅰ.①改… Ⅱ.①青… Ⅲ.①成功心理 – 青年读物
Ⅳ.① B848.4–49

中国版本图书馆 CIP 数据核字 (2019) 第 264137 号

中国青年出版社 出版 发行

社址：北京东四 12 条 21 号
邮政编码：100708
网址：http://www.cyp.com.cn
责任编辑：刘霜 朱艺 沈谦
编辑部电话：（010）57350508
发行部电话：（010）57350370

三河市君旺印务有限公司印刷
新华书店经销
开本：880×1230 1/32
印张：9
字数：300 千字
2020 年 1 月北京第 1 版
2020 年 1 月河北第 1 次印刷
定价：49.80 元

本图书如有任何印装质量问题，
请与出版部联系调换
联系电话：（010）57350337

目　录

青创客导师故事

青创客的故事

▪ 原力

▪ 幸福力

▪ 阳光力

▪ 格局力

▪ 学习力

▪ 执战力

附录
青创客计划

越利他越幸福，创业 6 年秘籍与"六力理论"之实战运用

　　我是一个创龄 6 岁的创业者，从小受独立女性思想的影响，对精神独立、人格独立与经济独立有着明确的自我要求。在创业实践中，不断升级自我认知，对探索未知世界、"可变"之人生要素以及追寻自我使命怀有极大的志趣。26 岁的时候，我找到了人生方向——致力于青年教育事业，怀有不变的热忱，以助力他人成长为人生使命。于是，从 0 到 1 开创事业，6 年来持续打怪升级。

　　2019 年，33 岁的我打开相册，观察 26 ~ 32 岁的张萌，站在旁边去观察自己的蜕变，得到最终结论——皮囊还是那副皮囊，精神世界已然超越 6 年前的本我世界——已不再是同一个人，可以确定的是，对待一些重大的人生抉择，现在的张萌不会再选用同样的方式。

　　思维成熟，做法自然就会不同。从 2016 年起，我从幕后走到台前，开始亲自从事教学实践活动。在这个过程中，我看到大量的学生意图用过去的大脑去理解未来的人生。当然，我过去也曾有过这种愚

蠢至极的念头，但随着自我升级，这种滑稽不堪的想法被慢慢击退，我开始学会接受现实、拥抱现实，从而慢慢脱离了假想中的自我，开始收获活在当下的能力。

2019 年，对我来说是至关重要的一年。思维升级，让我更靠近自己的"soul"心灵。这些年来，我一直关注自己的"soul"，今年更是如此。关于"soul"的解读有很多种，比如《黄帝内经》的"精气神"，比如宗教的"灵魂"，比如成功学的"自我使命"，或是《孟子·告子上》的"本心"。最近我听到另一种解读——原力。

7 月 13 日下午，第五届青年大会（Global Youth Summit）现场，我坐在台下，听台上老师讲述了一套完整的理论，瞬间感觉自己盔甲上身，随时可以去参加战斗。被赋能就是这种感受，彼时彼刻，我心心念念要写篇文章，去纪念这个决定性的瞬间。

欧比旺·克诺比在《星球大战：新的希望》中谈道："原力是所有生物创造的一个能量场，包围并渗透着我们。有着凝聚整个星系的能量。"原力包括很多种，而"生命原力"最吸引我，这是我所认知的"soul"。

这位老师叫洪明基，合兴集团总裁，一位中国香港"70 后"，13 岁赴美国求学，毕业后到大陆从 0 到 1 开创事业。说到合兴，你可能不太熟悉，但它旗下有众多耳熟能详的餐饮品牌，一年服务于 1 亿多中国人，有着极大的影响力。

我与洪老师相识 5 年。最初与他相识是 2014 年，当时我们正在兴办第一届创业研习营，有几十位中国港澳台地区青年参与其中。当时我们公司有一位姓曾的中国香港实习生，他推荐了一位来自中国香港的导师，他说自己在大学期间受过这位导师的慷慨捐助，这个人就是洪明基老师。2014 年 6 月，在创业营北京师范大学的那一站，我们邀请了洪老师，他进行了精彩的分享。而后的每一年，洪老师都会支持 LEAD 立德领导力的事业发展，直到 2019 年演讲，我再邀请他时，他开始讲"六力理论"。

这是我第一次听他分享这个主题，他说这是自己创业 27 年的精华总结，一般不外传，LEAD 立德领导力创立 6 周年了，就把它作为礼物送给大家。我的思绪突然回到了 2015 年，那时我刚开始做极北咖啡线下门店，一下子就铺了好几家店面。

开业典礼前，洪老师来店里小坐，我向他描绘了自己对线下市场的设想与宏伟蓝图，他听完就建议我停止线下扩张。我当时也没听懂他的意思，所以并没有去听取他的建议，而是继续一意孤行地扩张线下业务，到后来果不其然，应验了他的话，我只好亲手把店铺一一关掉，这个过程连续折腾了两年……还有其他很多事也慢慢地被他的话应验。现在回想一下，当初他对我讲过很多话，到最后都被这套"六力理论"所验证。因此，在创业 6 周年之际，我希望以这套理论为模型，解读我的奋斗岁月，与大家共勉。

一、幸福力

幸福是使命与激情、职业与事业的交织，也是你喜欢、你擅长、你能获得收益的，以及他人需要的集合点。

2010 年，通过竞选，我担任了北京师范大学研究生会主席，开始代表 17000 多名研究生主张权益。这期间，我开始横向与全球华人青年组织链接，并与国内"985"和"211"院校学生社团进行联谊对接。在合作过程中我逐渐发现了广大青年的切实需求，那就是高校培养的能力水平，与用人单位的实际需求间存在不匹配性，这个痛点长期得不到解决。

2011 年，我发起"寻找最美乡村教师计划"，登上湖南卫视，路演公益项目，这个项目不仅获得杨澜女士的资金捐助，还被评为"全国优秀公益项目"（那年仅有两个公益项目入选）。当时我们号召百所师范院校共同到乡村开启"寻访最美乡村教师计划"，那段时间，媒体铺天盖地都是"最美乡村教师"的报道，每天中午央视新闻都在报道这些老师的事迹，"乡村教师"的身份被社会认知与重新定义，越来越多的人开始希望了解这个职业背后的故事。

我们寻访到的老师，有的后来被评为全国十佳教师，受到相关领导人接见，还有的当选了人大代表，我们的寻访录——《寻找我们的老师》也由光明日报出版社出版。当时，我曾到很多偏远山村地区，看到了当地真实的贫困状况，我被深深震撼了！在城市长大的我简直不敢相信眼前的景象，虽然我只有 20 多岁，但已经开始思考教育不公平的问题。我们同在一个国家，贫富竟然如此悬殊，而这个问题将持续影响下一代。如今，我自己对互联网教育事业充满热情，正是因为它从某种程度上消除了教育不公平的问题，这也是缩小贫富差距的方式之一——尽管不同地区发展不同，但能够获取同一水平的教育资源尤其重要。

思想贫瘠是生存贫瘠的原因。后来我一直坚持做公益，创办助学字典项目，一做就是 5 年。每一年，我都坚持亲自去贫困地区了解情况，扶助偏远地区儿童成长。2016 年，立德领导力非公募公益基金会在北京市民政局正式注册成立，成为北京市首批慈善机构之一。我当时创业仅仅 3 年，拿出 200 万元来注资设立基金会，是一件不可想象的事情（现在想想自己当时真是捉襟见肘）。创业第五年，我开始在大学设立奖学金，助力高校学子成长。能够帮助他人，这是我的荣幸、我的福分，也是我的原力。

这个世界有两项伟大的事业值得被尊重，一项是救死扶伤的医疗健康事业，另一项就是我亲身参与实践的教育事业。著名哲学家卡尔·西奥多·雅斯贝尔斯在他的《什么是教育》中写道："教育的本质意味着：一棵树摇动另一棵树，一朵云推动另一朵云，一个灵魂唤醒另一个灵魂。"改变人的思想向来都不是件容易的事，尤其是让大家甘心接受改变，成长为一个更好的人，成长为对社会更有用之才，这更是难上加难。政府领导曾这样评价我们："你们真的在做一件伟大而艰难的事业。你们在实践，并取得了这么多成果。你看看，这么多人愿意跟着你们一同早起、运动、阅读、学习，真是不可思议！"这就是我的使命与原力。

身边总有朋友担心我的身体，觉得我的工作很辛苦，每次都嘱咐我保重身体。的确，我的工作很辛苦，可是这份辛苦却藏着一份大大的幸福。2018 年年底，我们开启了"青创客计划"，助力"更多愿意帮助他人实现更好人生梦想"的创客们成长，从 0 到 1 创业，实现创业收入增长，赚到人生第一个 100 万元，并不断创造社会价值。如果说创业初期我是一个人在奋斗努力，从第六年开始，就是我们一群人在行走，我们的脚步坚定而扎实。

二、阳光力

做一个有正能量的人，并通过正能量让周围的人变得更好，不是一件容易的事。

生活压力如影随形，笑对每件事的确是一个难题。2016 年，我开始汲取"受"的智慧——万事愿意，并逐渐形成自己的"接受体系"。当一些违背心愿的事情发生时，我会杜绝抱怨，并立即让自己形成"其实这样也挺好"的思路，让它成为我的下意识反应。慢慢地，我开始接受自己人生的诸多不如意，并在不如意中寻求生命的体验与感悟。有时在不如意的接纳过程中，我甚至能收获一份喜悦，它是参透奥秘的雀跃与从容。然后，我开始帮助身边的人去领悟"受"的含义，以及"万事愿意"的自洽幸福观。

就在 30 岁的某一天，我突然意识到，自己要将这种"受"的智慧分享给更多有需要的人，并帮助他们找到自我改变的路径。于是，我开始打造"张萌萌姐"的个人品牌，在各大社交媒体发声。我克服了在众人面前不自在、不自信的社交恐惧心理，开始尝试让自己拥有不设限的人生，然后就这样开启了个人品牌发展之路。

越来越多的人因为关注萌姐而开始收获"失望时重新振作的喜悦""每每想偷懒看到萌姐焕发崛起的动力""想脱离懒癌，通过我们找到可实操性的方法"。从 2016 年起，越来越多的人通过社交媒体开始关注我、了解我、信任我，并与我一同成长。我曾陪伴一些女性走出失恋的低谷（信不信我收过她们送的 Roseonly），陪伴许多同学从考试失利逆转为目标实现，陪伴一些人从失业到重新就业，也陪伴了一些孤独无援的创业者从 0 到 1 的创业历程。我身边甚至有好多朋友，每天都要翻翻我的微博、朋友圈，他们中有的人还曾告诉我说："张萌你知道吗？每当我累了，你就是一针强心剂。"如果他们不告诉我，我永远不可能知道"正能量化"有这么大作用。

只有把自己活成一束光，才能温暖他人，同时照亮自己，我一直在这条路上努力着。我告诉自己、暗示自己，生活总有不快，但如果你能让身边的人因为你而舒适并成长，你就是有价值的。2019 年 7 月，我出版了第九本书——《从受欢迎到被需要》（其实这是第十本了，之前有一本与中信出版社合作的译著《勇气》于 2019 年 5 月出版，并未算在其中）。有记者问我："张萌，你为什么能坚持每年写一本书，是因为写作很轻松吗？"其实有过出版经验的朋友都了解，写作与出版是一个折磨人的过程，尤其对多产作家来说更是如此。能够坚持日复一日地思考、写作、出版、传播，这也是自我人生修炼的过程，也是要学会"受"的过程，这件事我坚持了 8 年。8 年间，每当把书稿交给出版社时，我都告诉自己："张萌，这是你最后一本了，再也别写了，太累了！"

人生就是一个"正能量"与"正能量化"的过程。总有学生向我抱怨说每天事情太多，连实现梦想的机会都没有，我只想说，这样说的人一定是没有了解过别人人生中的"一地鸡毛"。大家都是人，都有共性，所经历的痛苦与不如意八九不离十，只不过你的反应过于敏感，抑或是你没有切身经历过他人的不如意，所以才理所当然地以为自己所经历的不如意是"独一无二"的而已。而这就会直接导致你在实现人生目标或梦想的过程中找各种借口，不断自我暗示，告诉自己这个不可能，那个没有机会。殊不知，很多时候，是你自己亲手毁掉了实现梦想的可能性。

三、格局力

2015 年青年大会的主题是"与谁同行，决定你的未来"，这一年也是我的格局思维觉醒的重要年份。我们学过一个物理学概念，叫作势能（potential energy），是储存于一个系统内的能量，也可以释放或者转化为其他形式的能量。引申到人的身上，势能就是状态量，每个人都有势能。但不得不说，人与人的势能差别很大，这种差别通常被称为"格局差异"。在人生之峰上，每个人因为站位高度不同，看到的风景自然也不同。有些人站得高望得远，能饱览整座山的风景，能体悟到人生的各种可能性，他们有更高的势能去体验多彩的世界；而那些始终站在山脚下的人，他们看到的东西很有限，也许只有脚下一隅，甚至更狭小。

没有看过，何以理解？跟很多人不同的是，我是一个没有什么社会经验的小白创业者，但我很早就想明白了一个问题，要拼命地以人为师，借由他人的经验去指导自己的人生。每个人都是一座图书馆，或大或小，那些势能高于我的人，不论是馆藏的丰富程度，还是收藏深度，都要远胜于我，他们能看到我看不到的。我要让比我厉害的人成为我的双眼，助力我看到更多人生的可能性。

2019 年，我投资助力了一位创业者，她做的是社群运营服务公司。3 年前，我就认识了这位创业者，那时候她在给别人打工。当时我就告诉她，她适合做这件事，也能做得起来。之所以相信她，是因为我发现她具备这种潜能。不过，她当时并没有把我的话放在心上，直到 2019 年来参加创业营才改变了想法，开始认同我的观点。她问我："萌姐，你怎么就知道我能干好这件事？"我对她说："每个人势能不同，我能看到你当时看不到的。不过，经过这几年的提高，你的势能也得到了提高，所以你也可以看到了，这就是自我格局的升级。"

有很多人曾通过微博向我咨询升级自我格局力的方法，这么多年来，我总结了三种方法。

第一种，随着年龄增长、阅历积累以及岁月沉淀，很多事情自然会想明白。我比较认可这种方式，但也知道这个方式的局限性很明显。它是一条大多数人都会走的路，没有超越性的价值，而且很可能因为屡次碰壁，又无人指导，最终导致失去自信。

第二种，系统地学习，进行自主输入，构建自我知识宫殿。这些输入包括阅读、培训课程或行业会议，以及行走的力量。如果你关注我的社交媒体，就会看到我始终不停地在学习，从未停止过汲取知识的脚步。因为我深知，唯有知识能丰富我的图书馆馆藏，让我拥有与时空对话的能力。

第三种，与更多厉害的人在一起。这是我 2015 年才明白的道理。著名社会学者 Stanley Milgram 教授曾提出六度分隔理论，而后演化出"你是身边 6 个人的平均数"的描述。试算一下，你最常联络的 6 个人的势能，如果他们平均数低于你的话，你们待在一起的时间越长，你自己的势能水平就越低；但如果你经常与更多高势能的人交往接触，这就意味着将会通过他人的势能提升自己的平均势能。

但还有一种情况经常出现，那就是有些学生在学习后，势能的确得到了升级，他们希望通过升级自己，拥有更好的生活状态，可他们却没有意识到，虽然他们的势能确实升级了，可周边的人的势能还是不变的。因为势能之间存在着差异，当你的变化被他人发现时，往往不会被羡慕或者祝福，反而很容易遭到唾弃，甚至被误解与伤害，最后因为抵不过身边人的反对，你很可能会再次被拉低势能，打回原形。

让我们来想象一下，低势能的人的生活状态会是什么样的？他们大概从不运动，可能也不太会进行自主学习，大部分人懒散，相信人生都是天注定，不需要付出太多努力，也自然不愿付出过多的劳动。从行为模式上进行解析，他们应该每天会睡到自然醒，遇到不如意会时常抱怨，对他人刻薄不包容，容易陷入负面情绪中，无法控制自己，生活缺乏幸福感。那么，高势能的人的生活状态又是什么样的呢？2019 年我入选了胡润创办的百富学院，并成为中国第一批入选的企业家，因此有幸近距离地接触了许多富豪。通过观察我发现，他们大多有着很强的家族观，真心包容与爱他人，甘愿牺牲短期利益，目光长远，不停学习，对未知事物充满好奇心，拥有良好的生活习惯与节律系统。而他们都是坚持早起和运动的践行者，同时始终在保持人脉升级，拥有知识宫殿，重视子女的教育。

高势能之人一定不理解低势能之人的行为，低势能之人也一定不能理解高势能之人的世界。如果你身边有不停质疑你、反对你，甚至拖你后腿的人，你可以用势能理论来判断，他们到底为何如此？是"以爱为名"而对你有特殊的"关心"，还是势能不够因而看不到一些事情？我本科期间交过一个男朋友，他不是那种上进的人，有次甚至忘记了期末考试，这就导致我们的价值观产生了强烈的冲突。当时的我正在飞快奔跑，非常希望他能够跟我一起奔跑，而他却一直停在原地，甚至开始拖我的后腿，结局就是他不开心，我也不开心……现在想想，如果我跟他一起生活，矛盾一定会很深。

格局升级，智慧才能升级。找到更多厉害的人，与他们交朋友，升级势能，这样我们才能看得见"本该拥有的幸福人生"。

四、学习力

人出生的时候靠本能而活，比如饿了会哭、开心会笑，但本能并非是支撑你升级打怪的利器。每个人都需要在成长的道路上构建自己的支持系统，这套系统才是你赖以生存的基石。

大多数人的学习体系都是被动构建的。比如，你的习惯养成来自父母，所以父母的生活习惯影响了你的习惯；你的整个学习生涯，从幼儿园到大学，都是由父母帮你决定的，所以他们的高度决定了你的高度；你的成长环境，与谁为友，受到哪位老师的影响，在什么样的文化习俗之下，这一切都日日夜夜影响了你 20 年。大学毕业后，大多数人认为可以停止学习了，但这就等于停止成长，摒弃了只有不停学习才能成长升级的道理。

这就是大多数人的生存现状，以被动的学习方式铸造成长道路上的盔甲。实际上，这永远都不是真正属于你自己的盔甲，而是别人为你打造的、可能根本不适合你的"附属品"。教育行业的从业经历告诉我，我们最应该掌握的是"学习能力"。然而这项技能，学校并没有赋予我们，很多人都是走入社会才开始重新学习。这是个悲哀的现实，没有学习力，我们如何升级？

2018 年年底，我重回《非你莫属》招聘栏目，帮助青年树立职业发展目标。在他们接受 Boss 团面试时，我惊异地发现，大家居然没有培养学习能力的自我意识，也不认为工作后的自主学习是重要的。比如，很多人从来不会为学习而进行自我投资，对于他们，离开高校就意味着停止学习。

每年我们通过互联网服务百万人进行课程学习。我有个习惯，课前会在同学们中先做一下调查问卷，其中一项就是调查大家一年在学习方面的自我投资情况。结果显示，我们的学生跟其他平台的学生的确不同，他们大多是愿意下班还为自己加油的人。所以，创办"下班加油站"这所互联网企业大学，服务愿意为自我学习、自我成长而不断投资升级的同学们是我的荣幸。如果说，有一类人在未来是值得被投资的，我坚信他们一定是能够坚持不断学习的奋斗者。

前段时间我在公司接待了一批来自台湾的大学生，与他们一起交流创业以来的思考，通过观察了解我发现：

1. 一些大学生学习期间已开启创业实践；

2. 大多数实践来自自身兴趣或专业；

3. 很多人还只有想法，并没有实践；

4. 很多人对供需关系了解甚少；

5. 对商业模式，尤其是盈利模型一无所知。

这种发现让我突然想到自己 6 年前刚创业时也是如此，根本不了解商业模式，仅凭一腔热血就上路了。身边很多创业的朋友也大都如此，而最终的结果是，大多数人创业失败、改行，或者不得不重新就业。

一个人今天的一切都是源于自己的行为，而行为由思维决定，思维又受基因与环境影响。基因是不能改变的，但环境却可以改变。环境包括原生家庭、学历教育、自主学习与人脉升级等。可遗憾的是，原生家庭与学历教育通常都是不受控的，所以，我们可以决定的是自主学习与人脉升级。

如果想创业却不愿学习，试问你将以什么存量支撑到盈利目标的实现？如果想创业没有更高势能的人脉积累，试问你的格局如何支撑你看到自己目前看不到的盈利机会？

一直以来，我拼命学习，在"自主认知""以人为师"的道路上深耕不辍，而每次遇到瓶颈期，助力我走出来的最好方式就是这两项法宝，现在我把它们介绍给你，希望你也能如我一样，在学习的道路上不断前进，在创业的征程中获得最终的胜利。

五、执战力

洪明基老师介绍这套理论时曾对我讲："张萌，你最厉害的就是执战力。"

我很小就明白了想法、说法与做法的区别，并力求在做法中寻求突破。平时工作中，我们经常可以遇到那些仅停留在表面，只会说说而已的人。以运动为例，我们来谈谈人与人的差别。2016年，我的甲状腺出了问题，身边朋友纷纷帮助我，给了我很多康复指导意见，洪明基老师也是其中的一位，他带我走入了泰拳的世界。

第一次训练时，我没练几下就要晕倒了。记得那次练完，他鼓励我说："张萌，你知道吗？你很厉害，一定可以！"可我知道，情况并不是这样，我当时浑身虚弱、脸色煞白，连运动包都提不起来，只能坐在那里喘气。当时的我浑身虚胖，一运动肉都在颤抖。

后来洪老师陆续陪我练过几次，我也参加过洪门训练（洪老师多年指导立德创业营，在其中一个环节，师徒经常开展学习与讨论，打拳是其中一项训练内容）。记得刚开始那段时间，每次都会累到崩溃，坐在地上喘粗气，觉得自己快不行了，心脏也受不了了，整个人处于崩溃的边缘，甚至担心第二天爬不起来……

然而，这些担心完全是多余的，因为只要坚持下去，一切情况都会慢慢变好。后来每隔半年，我就会约洪老师训练，让他看看我的进步。直到有一次，他为我鼓掌并说，他推荐了很多人来训练泰拳，但只有我坚持了下来。

同时，我并没有止步于最基础的体能训练，还向更专业化的道路不断前进。我把教我的教练从最初的启蒙教练，换成专业拳手，又换成专业级竞赛教练，到最后换成了教出泰拳金腰带的教练。训练环境也从普通拳馆换到专业拳馆，又换到冠军训练的场馆。我会刻意与冠军一同训练，观察他们是如何被锻造的，如果可以承受住他们的训练强度，那么我离专业化的道路也不会太远。

后来国内泰拳圈内的人都开始慢慢了解我，知道有这样一个业余泰拳爱好者在努力前行，他们开始看我的书、听我的课，我训练的拳馆也来了很多我的粉丝，据说好多人开始想练泰拳，是因为知道我也在训练。这不就是我们讲过的正能量与正能量化嘛！现在的我，在轻松地打完全场之后，再开几个会、讲堂课或者上场直播，都不在话下，可以轻松搞定。

我想告诉大家的是，执战力不是说出来的，而是靠行动做出来的。我坚持 20 年早起，坚持连续 8 年每年出版一本书，坚持每年读 300 本书，坚持以人为师，坚持自主学习，坚持自我升级，如果没有执战力这项法宝，恐怕所有梦想都只是空中楼阁。

六、原力

如果说生命总有原动力，那么找到自己的使命就是最重要的事。参加过"财富高效能"课程的同学们一定都知道我有一套方法，可以帮助迷茫的人找到方向，它就是"人生蓝图"理论：我为谁，解决了什么问题，提供了什么方法。以这三点帮助你定义来到这个世界的原力。

一般来说，顺风顺水时，根本检验不出原力所在。但是遇到困难时，能让你坚持把事情做下去，并愿意放弃短期利益，寻求长足发展，唯有原力有如此魔力。

其实，一个人遇事不坚持也好，没有向上奋斗的动力也罢，不是因为不行，很有可能是因为还没找到（或者压根儿就没有找过）自己生命的原力所在。要知道，原力就相当有魅力，可能就藏身于你每天所做的事情中，或者你的亲身经历，是生命中相当宝贵的存在。很多人终其一生也未必有机会找到，有些人即使找到，也须经历跌宕起伏的人生，历经高潮与低谷，方可寻到一丝踪迹。

生命的原动力，是让自己幸福的关键所在。你幸福了，身边的人才会跟着感受到幸福。从 2013 年开始，我一直坚守在青年就业、创业能力升级这条赛道上，从未离开。很多人看到我现在的成功，以为我的创业很顺利，其实创业要经历的不同阶段的不同困难，对所有坚定不移的创业者来说都八九不离十。原力是那个平时不发挥作用，但在逆境中会让你坚持的利器。我平时有个习惯，不开心时就会打开微博，微博里很多接受过我帮助的同学会给我留言，他们或讲述自己的近况，或分享自己的收获。这些年来看着他们不断成长、收获越来越多，我会觉得一切的付出都很值得，这就是我的原力。

6周年前夕我休假了，去美国为父母举办了一场西式婚礼，还去了美国的一个冲浪胜地——圣地亚哥的 La Jolla，世界各地的冲浪爱好者都会来到这学习冲浪。我想学冲浪很久了，甚至还在北京的人造冲浪体验中心训练过两次，就为了能在真的大海上体验一下冲浪的感觉。这次约的教练叫 Sean，32 岁，有 15 年教龄，在全世界各地做冲浪教练。两天的冲浪课程，我一共要学习 15 个技能。

前面的技能是关于安全以及冲浪礼仪。这时候，很多学员都提出了疑问，他们觉得学习这些是浪费有效的训练时间。教练试图说服我们学习这个板块，并不断跟我们重复它的重要性。这时，我对教练说："我充分理解且认同，这就是做事的边界。"我们做企业的，做一件事之前就会先摸边界，就好像吃火锅一样，你永远不能吃到火锅外的食物。教练说："你这比喻太绝妙了！"其实我想说，这难道不是常识吗？人在大海中，都是冲浪者，聚在一起就形成了小社会。有人的地方就会有社会关系，也需要处理人与人之间的关系问题，这也是常识。

当我第一次在真正的大海双手举着大大的冲浪板冲浪的时候，我对这片大海充满了畏惧之心。我想起了自己很喜欢的一位日本画家葛饰北斋，他画过一幅名作《神奈川冲浪里》，这幅画中所描绘的19

世纪初的场景与我面前的一模一样，惊涛骇浪、变幻莫测，一旦被冲翻，我定会手足无措。

浪会一直打来，如果驾驭不了它，你就会人仰马翻。你需要能够背对浪，站在冲浪板上，一起冲向海岸。我第一次这么做就成功了，教练说，这么多年教学经验中，这也是他第一次见到。

之后我有几次成功，也有几次失败，完成第一个 3 小时训练后，我突然想明白了一些道理：

第一，海浪一直会有，这就好像是我们这一生，即使遇到低潮期，也一直都会有机会，只不过你不一定能抓住这个机会，也不一定能去踏浪。

第二，一直在岸上的人，感受不到踏浪的快乐。岸上有些跃跃欲试的人，他们经常过来咨询，但要开始训练时，就选择了退缩，很多人止步于"问"，而没有机会去真正踏浪，只能是一个人去想象。

第三，浪会一直有，它好似机会，每次浪来就有机会，但不代表所有的机会都是适合你的机遇。说实话，有时看似抓住机会踏上浪的人，也有可能遭遇被冲翻的危险。

感悟之余，我也有了几条结论：

首先，我一定不做岸上的人，要进入真正的"人生如戏般的江湖中"，做一名真正的踏浪者。

其次，伺机而动，辨别适合自己的浪，等到那个适合自己的机会，在低潮期存续能量，以备高潮期能借助势能。不要把所有的浪看成机遇，学会辨识，对机会做取舍。

再次，是机会总会来临，摸清并把握它的规则，学会在边界内做事，建立机制，修炼招数。

最后，做一名踏浪者，要懂得"知止"，适时收手，平稳着地，攻势中把握守势。

当我坐在圣地亚哥海边酒店的房间里，在迷人的加州阳光下，吹着海风，在电脑上写下这些文字时，有些半梦半醒。之所以养成爱书读的习惯，要感谢萌妈萌爸。还记得我在读私立小学的时候，每两周回家一次。那时，我最珍贵的家当就是带锁的日记本，当其他小朋友选择娱乐放松的时候，我不断写作，不写完不睡觉。就如此刻，有了人生感悟，不是选择把它们封存在记忆中，而是想尽力用文字的方式记录下来，它是我保存记忆鲜度的方式。

这一刻，我要用以纪念 6 年持续奋斗的日子，我爱、爱我、帮助过我以及伤害过我的那些人，感谢我们生命中的交集与美好。谢谢有你们，真心感恩！

张 萌

·微博 @ 张萌_萌姐

时间效能管理专家，微博大 V。"下班加油站"创始人，帮助 700 万青年提升竞争力。青创智慧科技董事长，极北咖啡青年创新加速器创始人，LEAD 立德领导力创始人。年度影响力作家，代表作《人生效率手册》《从受欢迎到被需要》。2017 年和 2018 年登上纽约时代广场大屏幕。巾帼建功标兵，奥运火炬手，2019 亚洲新锐先锋，北京市创业导师，北京市三八红旗手，北京市优秀中国特色社会主义事业建设者，中国管理科学研究院智库专家。

"六力理论"实践助力创业

"六力理论"是我在近 30 年创业过程中，逐步形成的一点心得，已经在我的公司里得以广泛传播，我们最棒的伙伴们不同程度地拥有着这"六力"的不同段位。我也曾把这套理论体系跟很多企业家朋友分享，他们也非常认同，认为这就是创业者的成功宝典。目前，我已经将"六力理论"的方法与实践集结成册，出版发行，希望更多的人能够从中受益。

最近两年，我开始特别关注中国年轻人的发展，尤其是青创客的成长与发展。在很多不同的场合，我都跟这些新生力量就"六力理论"进行过沟通，他们反馈也都是受益匪浅。这也让我下定了决心，想要创作一本相关的图书，于是我一边同大家分享，一边开始创作关于"六力理论"的图书。

那么，"六力理论"的核心到底是在讲什么？所谓原力，就是作为创业者，首先我们要明白自己的原动力是什么，即为什么要创业，朝什么方向创业、我们的使命是什么。这个力是支撑所有的创业者在面对未来的困难和挫折时能够走下去的动力。所谓幸福力，就是创业的时候，我们需要找到那个幸福点，即寻找自己喜欢、擅长，同时社会又需要，并且可以创造收益的领域去创业。所谓阳光力，就是要具有正能量和正能量化，自己像太阳一样，乐观豁达、积极向上，并且能够把这些正能量传递给团队以及身边的其他人。要知道，创业之路大多九死一生，布满荆棘，仅靠一个人的力量是远远不够的，要带领团队一起前行，因此需要阳光力来聚拢更多的能量。所谓格局力，就是创业之初我们就要想清楚，未来要有怎样的格局，格局力决定着事业能够带来的影响的大小。所谓学习力，是指创业者面对的市场环境是不断变化的，新技术、新方法层出不穷，拥有学习能力是以不变应万变的唯一手段，也就是说，如何打造持久的学习力，是每一个创业者应该不断修行的课题。所谓执战力，是指在创业的过程中，团队作战要求来之能战、战之能胜。

与青创智慧结缘

一个偶然机会，结识了刚刚创业的张萌。当时，我便在她身上看到了创业的原力，所以我把自己这么多年创业的经验以及"六力理论"的核心内容都分享给了她。看着她一步一步走向成功，创立了青创智慧，我感到非常欣慰。

作为"80 后"创业的典型代表，张萌仅用 6 年的时间就开创了自己的从 0 至 1 的事业，并将这一事业迅速发展壮大。目前，她已经先后出版了 10 本书，成为一位优秀的畅销书作者；同时，她还连接着数万名创业者，是一位资深的青创客导师；另外，她还是一位有着

1000多万个粉丝的网络大V；她还在开办互联网创业学院，有非常多的创业者导师都加入了这个团队。在她的身上，我看到创业者"六力理论"的完全展现。

张萌对"六力理论"也非常认同，还邀请我做青创客的导师，我感到很荣幸。在这个平台上，我结识了非常多志同道合并愿意为青年创业奉献力量的导师，大家在一起讨论，为的就是给平台上的所有青创客提供最好的帮助。

"六力理论"实践

这本书可以说是我的"六力理论"的实践篇，所以看到这本书，我很欣慰也很感动。让我没想到的是，我在演讲中提到的这一理论，这么快就被这么多青年创业伙伴用于理论实践。看到大家把"六力理论"与自己的创业历程进行了有效的结合，并形成了自己的观点和感悟，我愈加相信，这对于他们今后的创业一定会有系统全面的帮助。我也相信，通过阅读这本书，所有的创业者都会感同身受，同时也会通过这一理论让创业更加顺利。

最后预祝每位创业者都能拥有"六力"，并创业成功。

洪明基
·微博 @ 洪明基

香港洪氏集团副主席，合兴集团控股有限公司执行董事及行政总裁。先后被北京市政府授予首届华人华侨"京华奖""北京榜样""优秀企业家"等称号。2008年起连任两届北京市政协委员，2018年起担任全国政协委员。畅销书作家，代表作《改变的力量：六力理论助你成功》。

助力青创客成长，
是我的荣幸和使命

我是杨海涛，2019 年是我跟随萌姐创业的第五年，很荣幸成为"寻找青创客计划"项目的负责人。

青创客计划

2018 年年底，服务于青年从 0 到 1 创业的培养项目——"寻找青创客计划"正式启动。

我们通过课程引领、创业扶助、陪伴助力、政府创业大赛及政策解读，帮扶、创投、创业带动就业等方式，全方位助力青年创业者实现创业梦想。

帮助他们成长进步，实现自我价值，找到人生蓝图，拥有利他之心，并且赚到人生第一个 100 万元。

青创客的成长

这些年我们服务了几十万名学员，其中有很多学员在加入青创客之初，就拥有利他之心的品格。但是仅有一颗纯粹的心是不够的。

最初，刚加入青创客计划时，有的人胆小怯懦，与人交流时会支吾甚至脸红；有的家庭，孩子患有先天性脑瘫，口齿不清，生活举步维艰；有的人与社会脱节、产后抑郁焦虑，婚姻陷入岌岌可危的境地；有的人是懒癌患者，晚睡晚起，工作效率非常低，生活也一团糟。

我深知，要想让青创客顺利成长成才，就像幼苗需要精心培育，该浇水时就要浇水，该培土时就要培土，该施肥时就要施肥，该打药时就要打药，该整枝时就要整枝。这是精心培育青创客有效方法的形象化表述，这样才能真正帮助更多学员成长。

我们逐步构建精准培训机制，青创客城市学院、超级青创客、百万青创客、青创客沙龙、论坛与分享会等应运而生。另外，每周五会雷打不动地给青创客们答疑，梳理本周遇到的工作问题。

我的"幸福力"

不得不再提到洪明基老师"六力理论"中的幸福力。幸福是使命与激情、职业与事业的交织，也是你喜欢、你擅长、你能获得收益的，以及他人需要的集合点。

前几年，由于饮食和作息不规律，我患上了严重的胃病，胃经常难受甚至会绞痛，严重时根本吃不下饭。身边总有学员和朋友担心我的身体，觉得我工作经常加班太辛苦，每次都嘱咐我要照顾好身体，养好胃。

不知道大家有没有过这样的感觉：每天早上一醒来，看到数千条未读信息，会有一点小崩溃。但是，当睁着惺忪的睡眼，一条一条回复这些信息的时候，我又会觉得很幸福，这是一种被需要的幸福。

我知道，我们是一群人在行走，坚定而扎实。

我的"原动力"

生命的原动力，就是找到自己的使命，这也是最重要的事。

萌姐提出"人生蓝图"，理论是：我为谁，解决了什么问题，提供了什么方法，真的可以帮助你去定义来到这个世界的原力。

而我的人生蓝图是：我要帮助想创业却没有好项目、好方法的青年，提供高效创业的方法论和实践指导。这就是我的使命与原力！

我觉得能够帮助青创客成长，就是我最大的幸福。

青创客的蜕变

学习了萌姐的课程之后，青创客们的状态有了翻天覆地的变化：从迷茫不安、浑浑噩噩变成了思维升级、行为升级。很多人从极度懒癌患者，变成了坚持早起、阅读、写作、运动的践行者，他们开始不断修炼硬本领，使用《赢效率手册》，规避无用社交，做好时间管理。他们开始打造个人品牌，构建自己的人生蓝图，对未来有了更清晰的目标。

　　他们不仅自己得到了蜕变，提升了影响力，同时也帮助了更多青年走上蜕变之路，甚至还帮助他们从 0 到 1 开启创业之路，用生命影响生命，照亮更多人，活成一道光！

　　我会坚定自己的人生方向，引导更多青创客，帮助他们成长！

 杨海涛

张萌工作室 CEO，北京青创萌芽科技有限责任公司总裁。

青创客导师的故事

一个叛逆青年
创业的原力探索

2019 年，在第五届青年大会上，我把我的"六力理论"分享给了更多的人。从那时起，越来越多的人开始跟我探讨关于这"六力"的深层含义和具体实践。其中，很多人都问过我这样一个问题："六个力之中哪个力最重要，它们之间是否必须存在联系，修炼的顺序又是怎样的呢？"我想告诉大家的是，"六力"当中原力是最重要的，因为它是"六力"之根，对其他五个力有着支持和滋养的作用。

原力与幸福力最为密切。因为幸福力的核心点是意义和快乐，对创业者而言，有意义的事往往会和原力有非常大的关联度。原力要通过格局力找到自己的人生目标。通过格局力，分析大势所在，看到天时、地利，然后把自己"和"进去，从而找到自己奋斗的目标，原力会促使这个目标起点就要比很多人高。原力让执战力更强大，执战力能够让原力更有效地发。原力让学习力更持久，学习力能够促使原力不断地上升到新的层级，从自我价值实现到超越自我的利他。有了原力的阳光力，才是真正的阳光力，阳光力可以让原力得以有效地展现和传递，点燃别人的原力。

任何原力都有它的根源，我也一样。1970 年我出生在中国香港，1992 年在美国大学毕业，后来选择回国创业。我同所有的创业者一样，经历了创业的九死一生，好在我挺了过来。回首这么多年所走过的路程，我也多次认真地思索过："为什么我能够走到今天？"现在回想起来，我觉得有一股力量一直在支撑着我。它让我在最想放弃的时候，勇敢地说"不"；它让我在最困难的时候，激励我咬着牙坚持下来。是这股力量成就了今天的我，也让我找到自己人生的意义和快乐。这究竟是一股什么样的力量呢？要探寻这股力量的秘密，还要从当初我收到的三封家书说起。

我 14 岁到美国读书。刚开始到美国的时候我是很开心的，因为当时在我们很多人眼里，美国就是天堂。但是，理想很丰满，现实却往往很骨感。初到美国，我遇到了很多困难，经过很长一段时间才艰难地适应了下来。通过多年刻苦的学习和努力，我的学业还算顺利，转眼到了 1991 年，我已经 21 岁，就要从大学毕业了。记得曾有人说过这样一句话："青春就是迷茫与叛逆的挣扎史。"或许我的叛逆来得有点晚吧，在这个大多数已经走出叛逆期的年龄，我却陷了进去。

尽管在生活和学习上没遇到什么太大的困难，但是我内心却总会荡起一种不安，或者说是迷茫。由于从小家教就比较严，加之在外独立求学多年，所以我跟家中父亲、祖父的关系一直不是特别亲密。而到了这个叛逆期，我更是觉得他们说的每一句话都特别逆耳，所以我会想各种方法来反驳他们。

这种情况持续了大半年。在那段时间里，我从来没有想过与人生目标相关的问题，面对未来充满了迷茫和困惑，我觉得人生根本就是没有意义的。情绪不好或者感觉不顺的时候，我甚至产生过厌世的心理。于是在一天晚上我分别给祖父、父亲和比较亲近的五叔写了一封信。在信中，我对他们说，我不知道自己的人生目标在哪里，不知道自己的使命是什么，所以想在圣诞节前结束自己的生命。现在想来，这多半是一种情绪的发泄，因为当时的我对他们都特别不认可。

寄出信之后，我就躲进了朋友家里。因为当时还没有手机，他们只能通过宿舍的公共电话找到我。3天后，我开始焦虑，不敢想象他们看到信后会是什么状态，而我又将面临什么后果。就这样挣扎了15天之后，我回到了学校。打开宿舍的门，三封信赫然摆在我的书桌上。

犹豫之后我打开了这三封足以改变我人生的信。父亲的信上写着："人生要快乐，找到你喜欢做的事去做，找到自己深层次的快乐。"五叔的信上写着:"男人要胸怀天下,做大事,并做好准备。"祖父的信上写着:"有机会要带你回家看看祠堂,看看洪家的打拼史。"

这三封家书深深地触动了我,也带给我很多深层次的思考。我的祖辈父辈都是爱国人士,在此之前我的感觉并不是很强烈,但在看了这三封家书之后,我第一次有了对国家和民族的责任感。我开始真正思考:我的人生应该如何度过?我到底喜欢什么?什么样的东西能给我带来快乐,让我可以去努力地工作?我生活的意义在哪里?作为洪氏家族的一员,我这一生应该承担起什么样的责任?作为一个男人,我应该树立什么样的远大志向?接下来的机会在哪里?这几个问题在我的脑海里不断重复,我也一遍遍地问自己。

虽然那时候对中国大势、发展机遇、家族传承等还没有深层次的认知,但我却想明白了一件事,那就是要做有一个有责任感的男人,对自己的家庭负责,要武装自己,找到自己喜欢的事并打拼出一番事业。

想明白以后,我感觉自己一夜间突然就长大了,我懵懵懂懂地感觉自己找到了人生追求的价值。这时候,一种强烈的责任感油然而生,一股强大的力量瞬间充满我的全身。当初,我并不明白这股力量是什么,但正是这股力量帮助我做出了人生中的第一个重要决定——从事美食行业,因为美食能够带给我快乐。

后来，在我的创业经历中，"美食"这一点始终贯穿其中，食品工业、餐饮、零售、超市，无一例外。直到今天，我终于深深明白，创业时找到自己喜欢的事情是多么重要。

那个暑假，我跟着祖父回到了汕头老家，看到了家族祠堂。在祠堂里，祖父给我讲述了洪氏家族先祖的商业奋斗史。祖辈的事迹，让我既感动又惭愧，不仅给了我责任感，同时也给了我力量。我开始意识到，我的存在并不是我个人的事，而是整个洪氏家族的事。作为家族的一分子，我有责任把家族的事业发扬光大。

这三封家书是我人生的转折点，我找到了自己喜欢的、有能力去做的、社会有需要的、对自己又很有意义的事。这股力量在今后的创业历程中，一直支持着我。这股力量是什么，我开始一直说不明白，直到有一天看到《星球大战》，看到"原力"起的作用，我想明白了，我把这股力量称为"原力"。

但是，我却始终没有想到该如何去准确定义原力，就像老子的"道"没有准确的定义，最终只能说"道可道，非常道"。有一天，我看到了"使命"这个词，豁然开朗。使命是指一个人或一个团队存在的意义和价值。我的三封家书让我找到了自己存在的意义和价值，所以，原力的外在表现不正是使命吗？

创业就是九死一生。作为一个中国香港人，来到内地创业是非常不容易的。

　　之所以能够跨越中间的沟沟坎坎，正是因为原力，是原力带来的使命感把我从逃避的边缘一次又一次地接了回来。我把原力也称为原神，每次遇到转折点或困难的时候，就会与原神进行一次对话，每次对话之后都会强化我的使命，支撑我走下去。

　　虽然找到了原力的外在表现是使命，但我总感觉还有更深层次的东西，可以意会但却说不明白。直到有一天，我看到了周恩来的使命。

　　年轻时，周恩来在沈阳东关模范学校读书。有一天，魏校长向学生提出一个问题："请问，你是为了什么而读书？"同学们的答复各不相同，有的说是为了光耀门楣而读书，有的说是为了父母而读书，有的说是为了前程而读书。当问到周恩来时，周恩来非常郑重地回答道："为中华之崛起而读书！"魏校长听到这个答复非常欣慰，他对大家说："有志者，当效周生啊！"

　　看到这个故事的时候我在想："周恩来的使命有何与众不同？他不是为了自己，是为了中华民族，为了劳苦大众，这是什么样的使命？这个使命深层次的东西是什么？为什么它能够让周恩来成为一代伟人，让他能够不计个人得失，历尽千辛万苦为中华民族站起来而努力？"我终于想明白了，这是具有家国情怀的超越自我的利他精神。

　　后来，我又研究了马云的成长史，他那句"让天下没有难做的生意"的使命又深深地打动了我。今天的阿里巴巴无疑是非常成功的，其企业使命同样是具有家国情怀的。

2013 年，我对原力完全想通了。原力的外在表现是一种使命，而且是具有家国情怀的精神使命，是个人灵魂深处的雀跃。有了这个强大的原力，就可以让人拥有无畏的信念，在遇到挫折时能够表现出一种强大的克服力，在遇到危险时让人更勇敢，在遇到嘲笑时保持定力，在遇到诱惑时坚定自己的方向。

原力是一切力之源，从这个角度来看，周恩来和马云都有着非常强大的原力，这个原力促使他们拥有了强烈的家国情怀的使命感，使得前者成为共和国的缔造者和领导人之一，后者成为受人尊敬的企业家。

而我的原力也是一种使命，来自家族的使命，作为男人的使命，从事食品行业只是这个使命的落脚点。后来，我又做了一系列的事，开始运用我的原力，并让这个原力越来越强大。

2016 年，我开始在公司内做创业机制，在整个公司范围内推行共享制下的模拟老板制度。这个制度的核心是，把经营成果与 600 家店的店长进行分享。当店铺的利润超过约定标准时，我拿出 60% 的利润分给他们，让更多的人成为老板。后来我把这个共享制深化到公司总部同步实施。这是我在完成使命当中，走出的重要一步。这一机制的推出，在公司产生了巨大影响，大家积极响应，效果非常好。目前我在建一个全新的创业平台，吸引更多有意愿创业的青年共同成长。

2018 年，我创办洪门开始正式收徒，并开始做立德领导力的青年导师。之所以在这个时候决定做导师，是因为越来越多的人希望我能够走出来，给青年讲一讲如何创业、如何少走弯路，这也是我的使命使然，我想在我的有生之年能够培养出 10 万名创业者。

2018 年，我做了另外一件非常重要的事情，创办海阔天空投资基金，主要支持青年的创业。在当下，想要成为一个成功的创业者，不仅要有原力、有热情、有好的点子，更需要平台、需要资金。所以我创建了这个平台，就是希望能够给一些创业的青年提供帮助，让他们能够更加快速地成长。

2019 年，我决定开通微博和出书，这也是根据很多青年人的建议而进行的。已近知天命之年，原来我是从来不看微博的，但是我发现，很多渴望成长的青年都非常喜欢玩微博，这也是一个学习平台，所以我的原力告诉我"我要接受并学习它"。如今，微博已经成为一个我跟更多青年交流的平台，我把我的理论和具体的操作案例都放到上面，然后对大家提出的问题给予及时的回复。而之所以出版图书，是希望大家能够更加系统地了解"六力理论"和它的操作方法。

我真正找到了自己的意义和价值，它让我感到由衷的愉悦。

原力是"六力"之根。找到原力，并通过修炼让它变得越来越强大，那么其他五力也会随之茁壮成长，创业之路才会越走越顺畅。关于如何修炼原力，以及通过修炼原力增加其他五力的强度，在这里我便不赘述了，大家可以阅读我的新书《改变的力量：六力理论助你成功》详细了解和学习。

不可否认，过去的三四十年对创业者来说是非常好的机遇，但我想说的是，未来的30年，也就是中华人民共和国成立第一个100年的这最后30年，也是我们实现创业梦想的关键时期。希望所有的创业者都能够把握住这个机会，共同努力，为中华民族复兴贡献自己的力量！

洪明基
·微博 @ 洪明基

香港洪氏集团副主席，合兴集团控股有限公司执行董事及行政总裁。先后被北京市政府授予首届华人华侨"京华奖""北京榜样""优秀企业家"等称号。2008年起连任两届北京市政协委员，2018年起担任全国政协委员。畅销书作家，代表作《改变的力量：六力理论助你成功》。

如何通过读书助力创业

在这里，我想告诉大家自己的一些经历和思考，希望大家能够获得一些启发。在阅读之前，请大家包容我一点，因为我想写得随意点，因为这样可能效果会更好。另外，也希望大家能够以一种平和的心态面对我接下来写的东西，因为下面的这些内容可能跟大家平时的习惯认知不太一样，我有一点担心，你们会不停地怀疑讲的这些对吗？如果这样想，就说明你们的情绪在发挥作用，你们的自我意识在保护自己，那样就会在很大程度上影响你们的收获。所以，我想要提醒大家，无论你们是否能理解，请先相信我说的都是对的。如果最后你们理解了，那么我会恭喜你们，说明你们以前的经历和你们的沉淀，现在被我引爆了。

第一句话：看到看不见的。

第二句话：知道不知道的。

第三句话：找到方向趋势。

第四句话：踏上第一台阶。

我觉得，如果能够做到这四句话，那就对得起时间、成本等投入。我们将共同探讨人的问题，以及读书、赚钱对人的影响和解决的方法。需要特别提出的问题是：你要什么？实际是什么？为什么？

我一共讲三个部分：注意力、看到的和隐藏的，以及重新理解人、环境和事件。

注意力

第一部分讲注意力，很多人可能会觉得疑惑：注意力是什么？请大家牢记一句话，那就是：你的注意力在哪里，你的时间就在哪里！你的时间在哪里，你的未来就在哪里！简单吧。能做到吗？很难。

注意力这个问题，可能很多人从没有重视过。但这个问题是首要问题。试想一下，你的注意力在哪里？每天 24 个小时，除了睡觉的 8 个小时之外，你在关注什么？

大多数人都是普通人，只有极少数人是优秀的人。两者的注意力是不一样的。如果不信，你可以自己去观察，我讲的是真相。你的注意力和你的时间，你的时间和你的未来，是存在因果关系的！

看到的和隐藏的

我不知道大家有没有想过这样一个问题：你每天看到的是真的吗？你看到一个人很努力，他是真的努力吗？或者，一个人对你很好，这是真的吗？我要告诉你，我们眼睛看到的叫作现象，只有经过深入验证的，才叫事实。

第一，我们一定要认识到：你看到的，未必是真实的。能否看到真相，是精英和普通人的区别。如果把不真实的当作真实的，你做出的判断、选择会正确吗？

第二，精英能看到隐藏的东西。每个人看到的都是不一样的！精英不但能看到真实的东西，还能看到隐藏的东西，而普通人是看不到的。

重新理解人、环境和事件

在认知中，我们要解决一个关于认知边界的问题。比如说，当你还没有去过一个景点的时候，之所以会觉得这个景点很棒，主要是因为你对它充满了想象。但是，如果你去过了，就知道它到底好在哪里了，也就是说，你找到了定义它的边界。

引申来说，有很多人做一些事情时遭遇了失败，很可能是因为他们不知道做这件事情的边界在哪里。如果知道，或许就不会去做，自然也不会有失败的可能。也就是说，认知是有边界的。换个角度来看，其实重要的就是要理解自己、解决自己的问题，这是出发点，也是落脚点。也就是说，你从这里开始，走很多路，再重新回到这里，但是，重新回来的你已经不再是出发时的你。

最近几年，社会上很流行一个说法，叫"认知焦虑"。社会发展到一定的阶段，发生一个大的变化，有些我们感觉得到，有些我们感觉不到，但是每个人都对自己有新的思考。

在这个当下，很多人的自信心开始动摇，觉得自己面对未来，面对问题，不像以前那样信心十足了，不再坚信自己一定能解决。之所以会这样，其实就是因为到了新的历史阶段以后，我们的社会进入了本领恐慌的时期。

在农业社会，人一辈子读几本书就可以了。因为那时候的社会不变或者变得很慢，爷爷的经验在我这里依然管用。但是，当下是一个高速发展的时代。不要说爷爷的经验，5年前的经验到今天或许已经开始面临挑战，10年前学的东西更是有很多已经不能再用。学校里的某个专业课程，教的内容和5年前的已经不一样了，更何况学校教的内容和业界最前沿的差距太大了。

为什么我们会恐慌呢？就是变化太快了。在一个本领恐慌的时代，学习能力是一个人的核心竞争力。如果把一个人比作一台计算机，如果想要正常运作，人的头脑里的知识就要像计算机的操作系统和应用软件一样，不断地升级。面对快速变化的外部环境，你有更新升级吗？更新就是你的学习能力，也就是今天我们讨论的主题。

我为什么每年可以读 300 本书？其实刚开始也不到 300 本，但是后来不止 300 本，而且这指的是图书，不包括报纸、杂志、音频、视频。

读书，是因为感觉到自己所知有限。

2000 年的时候，我已经感觉到自己所知有限，但是当时的感觉还没有那么强烈。到了 2003 年的时候，因为要做项目，我要去参加政府的一些规划审批会议。这些会议一般会由几十家单位一起召开，叫方案评审会，包括规划、国土、消防、防汛、燃气、污水、抗震以及气象等领域的三四十个专家共同参与。

在这些会议上，专家们讲的东西我压根儿没听过。但是，这是我必须要去做的事情。说大一点，这是我的事业，说小一点，我要赚这个钱。那么，听不懂怎么办？身边找不到人学习怎么办？只能去读书。于是我开始想尽办法去收集相关书籍，收集各种信息。

我清楚地记得，当时凤凰卫视每周六晚上都会播出《凤凰大讲堂》这档节目，我每周都会看。为了汲取更多的知识，我把当时所在城市大大小小的书店都跑了个遍，把所有与我需要的专业相关的书籍都买了回来。可是这时候，我面临一个新的严峻的问题：买书比读书快，怎么办？

读书真的是一件挺枯燥的事情，尤其是每当读一些专业性较强的书籍更是如此。而且我还要做摘录，还要去反复思考，所以相对来说读书的过程会更辛苦。但是，我也深知，这些东西我明天就会用到，如果因为不懂而用不好，就会影响我的事业、影响我赚钱。所以接下来就很简单了，只能加快速度坚持读下去。所以，我由每天几十页到半本，又从 1 本到 3 本，总之 4 个字：如饥似渴。

埃隆·马斯克为什么要大量阅读？他要造火箭！拿了那么多资本，他没时间躺在房子里面慢慢看。孙正义为什么每年读那么多书？也是同样的道理。

另外，我们还要刻意地扩大阅读量。大家有没有想过，为什么我们见到陌生人不认识，见到熟人却能认出来呢？我们的眼睛就像传感器，或者是一个信息的输入设备，见过某个人之后就会把这个人的面部图像输入大脑存储起来，然后与原本存储的数据建立链接。什么是熟人呢？就是说你见到这个面孔，你把他的声音和图像输入大脑以后，和原来存储的信息链接上匹配成功，所以你就叫出了他的名字。什么是陌生人呢？就是你看了他这张面孔，在大脑里面搜索了很久，却找不到匹配，自然没办法叫出他的名字。同样的道理，就像我刚才说的，人家讲的东西我为什么不能理解，因为我的大脑里原本就没有这个数据。

我以前说过一句话："知道才能看到。"这个事情你不知道，你在社会里面就看不到。比如说，你是一个消防员，对于消防安全的知识和经验很丰富，走进一幢建筑，如果哪里有消防隐患，你立刻就会发现。但是，如果换一个不是这个专业的人，让他进去待上一天，他也看不出任何问题。你不用全知道，你知道一点点也好，你能和它建立联系，它才能通过一个信号触发你头脑里面的数据。这就是我每年要读300本书的原因。知道自己所知有限，本领恐慌，所以要努力去扩大自己的数据库。如果说你的数据库很大，对你的帮助就会非常大。大家应该都有机会遇到一些博学的人，他们发现问题和理解问题的角度跟我们总是不一样的，其实就是因为他们有一个比我们更大的数据库。

如果读的书少，你的数据库就小，那么你就不够敏感。或许有人会说，现在有了百度，想了解什么到百度搜一下就可以了。我想告诉大家的是，这同样是行不通的，因为你的数据库不够大，即使搜索了，你也注意不到。举一个简单的例子，有一个人背部疼痛，过了好久才去医院检查，结果查出了一个很不好的病。那为什么已经痛了好久他才去医院检查呢？因为他觉得没关系，他的数据库里没有关于这方面的信息，他不知道这有多严重，所以这件事并没有引起他的丝毫警觉。如果他读的书够多，也正好有相关信息的摄取，那么很可能在一开始就会意识到事情的严重性，早到医院检查，早发现早治疗。

读书的榜样人物有很多，全世界成功的人，无不在持续地读书。我举两个例子。

第一个，是大家都熟悉的毛泽东。大家都知道，毛泽东的军事思想十分了得，而这正得益于他在相关图书方便的涉猎。第二个，埃隆·马斯克。他曾亲口说，他造火箭的方法真的是从读书里面学的。

我经常能听到一些创业者讲，他不觉得没读过大学有什么问题。他说，比尔·盖茨、马克·扎克伯格、埃隆·马斯克，他们都没有读完大学，他们能成功，他没有读完大学，他也一样能成功。这个说法现实吗？我想告诉大家的是，虽然上面提到的 3 个人没有读完大学，但是他们都曾经被世界顶级学府录取过，比如哈佛大学、宾夕法尼亚大学。中国这么多人口，每年被哈佛大学录取的人寥寥无几。

埃隆·马斯克，他学的是宾夕法尼亚大学的物理和数学，英语是他的母语，他从小就学编程。所以，大家应该就明白了，这些所谓没有上过大学的人跟我们没有上过大学的人是不一样的。我们要知道自己和别人的差距在哪里，还要知道怎样做才能迎头赶上，那就是要终身学习。

我非常理解在一个本领恐慌的时代，知识所代表的价值，以及终身学习的重要性。刚才提到这 3 个人物，是想让大家知道，成功的人没有不读书的，甚至可以说领导者就是阅读者。下面就阅读方面，我给大家两个小方法。

一句话阅读法

这一句话又分三句话：理解一句话，牢记一句话，用好一句话。理解一句话已经不容易，牢记一句话更不容易，用好一句话更是很少有人能做到。

德鲁克先生的书，我几乎都读过。如果你们问我记住了多少，我告诉你们，我记住了一句话，这句话我记了 15 年，它每天都在我头脑里盘旋，我不但把这句话落到了实处，而且也因此获得了很好的结果。

哪一句话呢？

"一次只做一件事。"

有人读了 100 本书，你问他是否记住了某一句话，他很可能说没有。你再问他，两三年里，他的脑海里是否每天都能浮现一句话？可能也没有。你问他，你读了那么多书，是否有一句话你觉得用得最得意？很遗憾，可能也没有。那与我相比，他的学习能力就逊色太多。其实，有时候，能在一本书里记住一句话，并且每天都能在头脑里想到这句话，并把这句话运用到做事当中，那么就等于把知识转变成了本能。

读书是有方法的，如果你没有方法，就是在做无用功。一句话读书法或一句话阅读法，就是一个最简单、最好用的方法。举个例子，比如读《原则》这本书的时候，一定要理解一句话，那就是"人脑缺陷"。理解了这句话就可以了，但如果能理解第二句话，也就是说怎么应对，那你就很厉害了，可能比读过《原则》80%的人还厉害。通读呢，就是说理解、记住、用好。精读，可能要复杂一点。我每年在这300多本书里面会再选几十本重要的书精读。

我们了解一个新的学科的时候，有3个点很重要。第一个就是要了解它的发展史。要知道它最早是怎么起源，怎么发展，中间有什么变化，然后它的前沿在哪里。第二个是要知道它的基本原理。第三个是要知道它的本质是什么，研究的是什么问题。

如何去找书

关于这个问题，有三个解决方法。第一个是从问题出发，也就是说，每个人要向自己提问，然后带着问题去找书。第二个就是让朋友推荐。如果身边没有读书的朋友，你就要建立一个能够给你推荐书的朋友圈。第三个更直接，去查看图书排行榜，重要的是，要寻找一些陌生的和不熟悉的领域的书，即使是你不喜欢的书也要读。

我每年也会看几本文学书，尽管我不喜欢这个类型的书。但是，如果不读这些书，我大脑中的数据库就会不完善，我就不会敏感，别人讲到这方面的知识或话题的时候我就没办法理解。比如说，我的一个合作伙伴很喜欢文学方面的东西，想要理解他，我就一定要找几本这方面的书读一读。如果你生活中的另一半喜欢《百年孤独》，即使再不喜欢，我也建议你要读一下，这样就可以找到更多的共同语言。

最后我想告诉大家，从读书里面寻找创业之路，最重要的建议就是：虚心学习，勇于行动。

高鸿鹏
读书导师

长河实业董事长，同读书院创始人，代表作《从历史读管理》。在喜马拉雅畅销课程"职场名师训练营"领衔"职场人的读书课"。

探寻自我基因，你是创业中的领导者还是追随者

　　刚入职场的你，这个时候可能正在焦急地等着公交车，但是公交车永远不会正点；也许你正挤在前胸贴后背的地铁上，准备掏出手机听自己喜欢的节目，但却看不到人生的前路在哪儿，正如开在隧道里的这列地铁一样，没有退路，又看不到光明；也许你经过多年的打拼，小有成就，志得意满，正在犹豫和彷徨——究竟是辞职单干，还是继续给人打工？这时候，你会发现，我们在面对这些人生选择的时候会很无奈，而在没有选择的时候会很痛苦。

　　或许你会说："我没有什么远大的目标，我的目标就是混吃等死。"但我想告诉你，你错了，因为混吃等死，是一种很高的标准。至少你要有饭吃、有衣穿，这都需要有一定的物质基础作为支撑。所以，既然我们来到了这个世界，那就努力奋斗吧。

　　我们可以从历史当中汲取智慧，因为历史告诉我们从哪儿

来，也昭示着我们将到哪儿去。首先我们要搞清楚，自己究竟是哪一块料。所以，我们要探寻自我基因，看一看我们是适合做一个领导者，还是适合做一个追随者。古希腊德尔菲神庙前的石碑上写着："认识你自己。"你从哪里来，要到哪里去？很简单的一句话，却是很深刻的灵魂拷问。

我们学习历史，就要从学习我们自己国家的历史开始。中国历史上，可谓英才辈出，时代伟人、历史名人交替出现，他们用自己的思想和行动影响着整个中华民族的命运。纵观历史我们可以发现，领袖人物的产生并不是天然的，而且淘汰率很高。因缘际会之下，他们才一个个被历史的潮流推上了前台。有些人曾一度掌握最高的权力，但后来却渐行渐远；有些人因为没有把握好历史的发展趋势，最后只能成为成功者的垫脚石；有些人因为种种的原因犯了错误，走向了历史的反面，成为反面教材。

这是一个血与火的时代，是英雄造时势混合着时势造英雄的时代，是一个自我选择和时代背景相互影响的时代，在这个时代，充满着忠诚和背叛，坚守和彷徨。

在一个团队里，有些人是天生的领导者，有些人只能是追随者。当然，这并不代表高低贵贱，只是分工不同、职责不同而已。关键是，要找到一个最适合发挥积极性的岗位，实现人岗相配，这样才会感受到愉快和舒适，整个组织也会更高效。如果，一个不适合当领导的人当了领导，那么组织的事业就会遭受损失。所以，不要以为追随者就低人一等。认清自身，扮演好最适合自己的角色，才是最关键的。

另外，还要正确地认识你所在的团队，对团队和团队的领导有一个正确的判断：这个团队值不值得你为之奋斗终生？这个领导有没有运筹帷幄、统领全局的将才？如果你是千里马，他是伯乐，这样匹配成功的机会就很大。古语有云："士为知己者死"。每个人都更愿意唯懂自己、欣赏自己的人马首是瞻。所以，选择团队很重要，跟着什么样的领导去奋斗更重要，否则很可能会浪费人生，或者一生都在做无用功。

林中卧
职业生涯规划导师

中国人民大学马克思主义学院中共党史专业法学博士。在喜马拉雅畅销课程"职场名师训练营"领衔"职业生涯规划课：像领导人一样规划人生"。

从职场生存谈创业

我是易珉，现在在中国香港铁路局担任首席顾问。在外企工作了大约 30 年，有过成功，也有过失败，我想把自己的经验总结出来跟大家分享一下。

我个人把职场分成两部分：第一部分是我们对职场的了解，叫作 knowledge，也就是知识；第二部分是非常重要的人生经历，叫作 skills base，也就是技巧类的东西。

随着大数据等科技的进步，我们可以通过书本、互联网等了解到很多有关职场的 knowledge。但是，skills base 是一定要通过真实的学习和实践，通过不断犯错和总结错误，最后才能获得的人生经验。所以，我主要想和大家分享一下 skills base，也就是技巧类的东西，让大家看一看这些东西是如何指导我们在职场上生存。

职场是什么？职场就是一个生态、一片丛林。丛林里什么都有，所以我们也会在其中遇到很多不同的人、很多令人难堪的事。在这种情况下，如何练就一身丛林技巧，对我们的生存是非常重要的。

我要说的一个观点就是：在职场这片丛林当中，没有难以相处的人，难相处的是我们自己。

随着商业的不断发展，在近代西方出现了一个新的概念，叫作"corporation"，翻译过来就是"公司"。我认为最先将这个英文词翻译成"公司"的人是非常智慧的。为什么要用这两个字呢？"公"，是说我们在一个公众的平台共同从事一件事情，这件事情是对社会有益、对公众有益，并产生价值的；"司"是说我们要司职，每个人都要有自己相应的位置，每个人的位置虽然不同，但目标是一致的。由这些人组成一个群体，将共同目标用集体的方式来完成，这个过程非常重要。而这个群体所构成的平台就是职场，在进入职场之后，每个人还需要面对三种最基本的人际关系，分别为工作关系、公众关系以及个人与个人之间的关系。要处理好这三种关系，对我们来说并不容易。很多人觉得进入职场之后，难以处理好与领导、同事、下属之间的关系，感觉混职场非常难。事实上，职场中真正难相处的是我们自己，真正要做出改变的也是我们自己。如果我们在初入职场时能从下面几个方面做好充分的准备，就能够轻松搞定职场。

了解群体

不管是在公众平台上，还是在公众关系中，作为个体，我们首先要了解自己所在的群体。也就是说，当你面对一个公司或成为公司中的一员时，首先要了解清楚公司这个群体以及群体的方向。

我将这种了解称为 360 度的了解。具体来说，就是我们先要了解自己的位置，弄清自己在这个企业中的职责是什么；再了解公司内合作伙伴的位置，上到老板、下到下属，都属于你的合作伙伴，你还要弄清他们的职责分别是什么，怎样才能与对方形成最佳的配合，将工作完成得最好，等等。

同时，每个公司都会拥有自己的客户群体，这些也是需要我们了解的对象。如果能够充分了解客户的诉求，日后就能更好地为客户提供服务，与客户建立良好的合作关系，为公司创造更多的利润和价值。

了解群体的关键，就是对职位的描述。对于大部分初创的公司来说，可能不会有准确的职位描述；但对于一个比较成熟的公司来说，我建议大家要对公司内部的职位描述了解清楚。也就是说，你去了一家公司，首先要了解这家公司的主要业务是什么，主要服务的客户群体是谁，公司是由哪些人员和哪些职位组成的，这些对于我们日后开展工作都具有非常重要的意义。有些人在进入一个新公司或调到一个新职位时，会显得很盲目，虽然看起来每天都在努力工作，甚至经常加班，但却做了很多无用功，难以创造出真正有用的价值。

所以这是第一个关键所在，即步入职场后的第一件事就是了解你身边的群体。

了解目标

作为一个公司，一定有自己的经营目标。我们经常会看到一些公司拥有自己的网站，或者说我们的 vision。vision 是什么？就是公司的目标和愿景。这些东西是我们进入公司后必须充分了解的，只有了解了这些目标，了解到公司正在从事的业务，你才能弄清自己在进入公司后该怎样开展工作。

另外，你还要了解自己所在的团队。比如说，我这个团队由 10 个人组成，那么就要了解每个人在团队中的位置是什么？团队就像是一台小型机器，团队中的每个人都像一颗螺丝钉，"钉"在属于自己的关键部位上。当你成为这台小机器上的螺丝钉后，你也要与其他螺丝钉互相配合，从而保证机器能够正常运转。尤其在与团队合作的初期，一定要弄清这个小团队的目标是什么，然后才能更进一步地了解整个公司的经营目标。

了解职位描述

什么是职位描述？就是你能够将自己所处的职位用清晰的语

言表达、描述出来，比如你的职位是秘书，那么你就可以这样描述自己每天的工作：帮领导收发邮件、为领导安排会议时间、为领导订机票、安排出差行程，等等。这些都属于职位描述。只有了解自己的职位，能够将自己的职位描述出来，才能更清晰地知道自己在工作中该做什么、如何做好。

当然，在我们的工作当中，有很多职位是没办法描述出来的，那么我们就要充分研究该职位中那些难以描述出来的内容与我们个人、团队以及公司之间到底是怎样一种关系。只有弄清楚这些关系，我们才能据此慢慢拓展自己对这个职位的理解，从而将接下来的工作完成得更加完美。

了解边界

不论是一个职位还是一个团队，在工作当中都拥有自己的边界。这个边界涵盖很多方面，如专业边界、业务边界，还有道德边界、法律边界等。所以在弄清自己的职业描述后，我们还需要了解清楚这个行业的边界，比如医疗行业的边界，就与法律、社会道德、社会价值观等有很多交集。

了解这些东西，对于我们在工作中的定位非常有帮助。也就是说，在投入工作之前，我们要弄清自己所在的公司是做什么的、团队到底是做什么的，以及公司的底线、业务的底线在哪里等。

当对所有的这些都了解清楚后，我们的头脑才会更加清晰：

我们的职位目标、职位描述以及未来即将从事的具体工作是什么，我们在这个群体中到底可以发挥什么样的作用。这样一来，在日后处理公众关系、个人关系和工作关系的时候，就会有一个比较清晰的处理思路。

了解诉求

在工作场合，我们经常会有自己的诉求，同样，我们的同事、下属、老板以及合作伙伴、客户等，也都会有他们相应的诉求。可以说，商业运作活动中的每一个人都有自己的诉求。很多时候，工作中出现分歧、矛盾，或者在一些关系上发生问题，感觉某些人难以相处，以及在工作中出现许多令人困惑的地方等，其实都是因为我们不了解自己的诉求，也不了解他人的诉求。在这种情况下，自然会出现许多误会。

比如，我们加班加点地将完成一项任务后，却发现并没有满足别人的真实诉求，甚至还可能引起对方的不满，认为我们工作不给力。这就导致我们做了许多无用功，既浪费了时间，又浪费了资源。而究其根源，是因为我们没有完全弄清对方的真实诉求。

由此可见，了解别人的诉求，了解群体的诉求，了解公司的诉求，是工作中非常重要的一件事。

在前文中，我将职场比喻成了一片丛林、一个生态。在这个环境当中，如果在充分发挥自己能力的前提下很好地把握自己，拥有自己的价值观、自己的技能、自己的生存标准、自己的生存边界，我们就能在职场中如鱼得水。一谈到职场，很多人可能会说："职场跟我没关系，因为我是创业者，我有自己的公司。"但大家不要忘了，任何一个创业者在拥有自己的公司后，这个公司就会形成一个职场，而职场也必然要有一定的职场规则。

而且，我们经常说的一句话是：创业只是个开始，真正的挑战是在守业阶段。也就是说，你能不能将自己的公司持续地发展下去才是最重要的。世界上有很多成功的公司，存在了 50 年、100 年的都有，但也有很多公司可能一两年就倒闭了。为什么呢？大部分问题都源于我们都是人，会产生许多人与人之间的互动。当产生互动后，也必然会出现许多不同的观点和看法，同时也会引发许多不同的结果。这些行为放入职场当中，就会令职场变得非常复杂，甚至成为一片非常复杂的丛林。如果我们不能在这片丛林里生存下来，事业就很难成功。

所以，只有 360 度地了解自己、了解自己所处的环境，才能让我们在职场中获得一个清晰的定位。如果你是一名技术人员，你就要思考如何才能将自己的技术充分地发挥出来，创造最大的价值？如果你是一名管理人员，你就要思考怎样才能厘清管理思路，让自己出色地胜任自己的职务？所有这些，都是步入职场时必须完成的功课。

我跟大家分享一个案例。很多年前，我面试过一个年轻的大学生，他的简历写得非常棒，名校毕业，留学海归，有各种证书，简历上还写着他在校期间的出色成绩。当他坐下后，我先问了他三个问题，第一个问题是："你来这个公司面试，那么你知道这是一家什么公司吗？"他点点头，回答说："嗯，我知道，是一家石油公司。"我接着问："那么你觉得你现在应试你的这个职位，具体是做什么工作的呢？"他想了想说："做 BD 吧。"BD 就是业务开发，我让他解释一下，他说得很肤浅。最后我又问他："你觉得如果来到公司工作，能给我们公司或者我们的团队带来什么价值呢？"他的回答是："我是名校毕业，我的英文非常好，我有这个证书、那个证书……"然后给我指他简历下面的一堆证书。我又问了一遍："你能为这个团队产生什么价值呢？"他想了半天，什么也没说出来。

而接下来的一位应聘者，对我以上的问题就回答得非常清楚。他的简历写得很简单，完全不够高大上，但他的思路却很清晰。当我向他提出以上三个问题时，他的回答非常直接："我所应聘的是一家石油公司。我在来应聘前就认真地研究了贵公司的网站，也研究了贵公司在市场中的位置。我对我应聘的职位很了解，是做 BD 的。我在大学期间做过很多实际性工作，如家教、学生会等，还跟朋友创建过一个网站。我的家境不太好，所以我大学的学费都是这几年自己打工赚取的。在这个过程中，我对社会有了很深入的了解，我也知道怎样将一件事情从无做到有……"他还谈到了自己对商业的理解，"我对商业的理解就是：我们要将一个原本没有的事情做成有，然后再将有的事情做到好。"就是这句话深深地打动了我，我当即便录用了他。当然，他后来也的确在自己的职位上做得很出色。

通过这位应聘者的回答，我们再回到刚才我讲的五个点，首先，他知道自己应聘的职位和要做的事情是什么；其次，他很了解我们这个群体到底是个什么样的群体；再次，他很了解这个职位的目标在哪里；最后也是最重要一点，就是他了解自己，清楚自己加入这个群体之后，是要将一件事情从 0 做到 1，同时会将这种改变、这种价值带给大家。我觉得这是非常重要的。

虽然这个应聘者的学历、简历可能都不如前一个应聘者来得优秀，但我认为在职场当中，能找到自己真正的定位是很不容易的，而他在这方面的理解显然要比第一位应聘者更加深入。

在过去的 30 年当中，我一直在跨国公司任职。跨国公司也是中国改革开放以来出现的一个很新的事物，但现在已经发展得十分成熟了。不过在未来，公司可能不再分什么跨国公司、国企、私企了，公司就是公司。而公司的外延，要么是世界性的，要么是跨国性的，要么是区域性的，要么是在本国市场发展的，但不论哪种类型的公司，当我们真正步入之后，第一个需要弄清的就是：职场里其实没有难相处的人，最难相处的是我们自己。当我们在职场做了很多年，最后离开时，我们可能会发现，曾经的那些同事和客户，都能够成为很好的朋友，甚至是一辈子的朋友。然而当你仍然身处职场当中时，就一定要将职场关系和个人关系区分开来，并且还要处理好这些关系。处理这些关系的原则，就是以上我跟大家分享的五点。在整个过程中，我们也会有自己的诉求，当我们了解了所有人的诉求、了解了公司的诉求之后，就会发现，职场中真正难相处的其实还是我们自己。

易　珉
职场竞争力导师

香港铁路有限公司 (MTR) 现中国首席顾问、前首席执行官，瑞士诺华制药 (Norvatis) 大中国区前总裁。在喜马拉雅畅销课程"职场名师训练营"领衔"职场 360 竞争模型"。

打造超级 IP 的关键点：
个人品牌的创业思考

如何打造超级 IP？我认为最主要的就是文章的打造，因为不论任何品牌、任何事件，肯定都需要通过文章传递出来。我这里讲的文章不仅仅指文字，还包括短视频、小视频、直播、问答等内容，我们暂且以文章指代。

从 1998 年至今，我一直从事记者工作，后来又坚持写自己的公号，整整坚持了 20 年。在这 20 年当中，我认为自己主要做了四件事、八个字，分别为：

一、选题，也就是你即将要做什么；

二、采访，即怎样从权威人士那里获得核心的消息源；

三、写作，即从相关资料当中取其精华，去其糟粕，最终生成一篇文章或一个视频；

四、包装，主要指怎样起标题更吸引人，怎样配图片更能突出文字的中心。

这是打造超级 IP 的基本逻辑，这里我先再讲一下四者之间的关系。读过《孙子兵法》的朋友应该知道，其中有一句话特别著名，那就是："上兵伐谋，其次伐交，其次伐兵，再下攻城。"意思是说，最高级、最厉害的军事行动是通过谋略去挫败对方的战略意图或战争行为；其次是通过外交方式战胜对手，君子动口不动手，动动口就将对方说服了；再不行的话，双方就短兵相接；最下等的方法是将敌人的城池围起来，用全部武力去攻打。很显然，这些办法所付出的成本是不一样的。《孙子兵法》里还讲："十则围之，五则攻之。"是说你要想去围城的话，必须要用 10 倍的兵力去干掉他；要想攻城的话，就要用 5 倍的兵力去攻打他。

延伸到我们这里的问题上，《孙子兵法》中的这四句话恰恰验证了我们选题、采访、写作、包装四者之间的关系，所以打造超级 IP 的关键点就在于做选题上。选题选好，就像做大餐时选好食材一样，你把熊掌往桌上一放，大家都愿意吃，这就是一个好选题。选题如果不太如意，你能采访到一些别人所不知道的重要素材，虽然这个素材别人可能已经说过多次了，但你让它呈现出了更加新颖的东西，这也可以。选题不好，采访也不好，那就只能玩弄文字游戏了，把文章写得像花儿一样，也能吸引大家来看。如果以上全不行，唯一的方法就是搞个标题党，标题起得动人，阅读量或许也能达到"10 万 +"，但最后，大家很有可能会将这个品牌抛弃。

所以说要打造超级 IP，一定要遵循"上兵伐谋，其次伐交，其次伐兵，再下攻城"这个基本逻辑，将选题做好，你的超级 IP 便成功大半了。

那么，什么样的选题才是好选题呢？如果用书面语言来解释的话，就是你的卖点是什么，也就是选题的可读性。决定选题是否具有可读性，我认为取决于以下几个要素。

第一个要素是时效性。我们知道，即时传播是互联网的一个最重要的特征，与日报、周报等传统媒体对比，互联网新闻特别是移动互联网新闻，对时间的要求简直可以用"争分夺秒"来形容。特别是当一些重大事件发生时，如果你能做到第一时间推送内容，就会获得超过约 70% 的用户点击；而第二个推送获得的点击率只有 20% 左右。

第二个要素是地点的显著性，主要指选题或新闻所发生地点的知名度大小。同样的新闻，发生在不同的地方，传播的效果也会大相径庭。我记得在 2014 年，搜狐财经策划了一个活动，活动主题是纪念改革开放。当时我们将这个活动的地点选在了钓鱼台国宾馆，有记者问："你们为什么要把这样一个活动放到钓鱼台国宾馆呢？"这其实就是对品牌的一个最好的背书。

一般而言，北京作为我们伟大祖国的首都，其地域的显著性肯定要大于一般的省会城市；而地级市的显著程度则会大于县城。也有一些原本不知名的地方，因为之前发生过重大事件，也会变成一个地域性显著提高的城市，如四川省汶川，这样的城市在必要时也可以作为选题或新闻的选择点。

第三个要素是与生活的贴近性，也就是新闻事件是否影响到了我们的生活或生命。比如，这几年大家都非常关注雾霾问题，所以当《穹顶之下》这部片子当时出来后，瞬间就刷屏了，而且还引发了很长时间的舆论，就因为它指向的是关乎老百姓健康的空气污染问题。再比如，"马航MH370失联事件"为什么能在第一时间登上各大媒体的头条？不仅因为这件事本身很诡异，还因为MH370上乘坐的大多都是中国人，也就是说，这一事件离我们很近，才更容易引发我们的关注。

第四个要素是矛盾与冲突。新闻里出现的矛盾冲突越激烈，就越能吸引读者的眼球，包括人与人之间的冲突、民族与民族之间的冲突、国家与国家的冲突等。而矛盾和冲突中的最高的表现形式是战争，战争中最高的表现形式则是核战争。所以，每年到了日本广岛和长崎原子弹爆炸纪念日的时候，我们都能在媒体上看到相关报道，很多人关注。

第五个要素是人情味，指的是选题中包含一定的情感因素，可以唤起读者或同情或愤怒或怜悯等。一些涉及老人、儿童或其他弱势群体的新闻，选题关注度之所以居高不下，就是因为其中带有浓郁的人情味。2014年10月，有个新闻事件叫作"冰桶挑战"，很多名人在寒冷的天气中，举着一桶冰水从自己的头上浇下来，目的是筹集善款给那些患有渐冻症的人治病。这也让很多人开始关注渐冻症这一病症。我们知道，著名科学家霍金就是"渐冻人"之一，病情发展到最后，全身上下能动的只有两只眼睛。所以这个事件在当时能形成广泛的关注，就是因为这个选题调动起了人们对一些绝症患者的同情心和怜悯心，从而才会伸出援手给予帮助。

第六个因素是名人效应。在一个新闻里，主人公的知名度越高，新闻的传播速度就越快，传播效果也越好，这与很多厂商愿意使用名人做代言是一样的道理。但在选择名人时也要非常慎重，因为在互联网时代，一个人名声的崩塌可能是分分钟的事情，所以在选择之前需要对对方的背景、性格和品牌的契合度等做一个详细的调查，这才可能达到事半功倍的效果。

第七个因素是神秘性，因为未知比已知更具有传播性。选题中的神秘性，是一则新闻能否成功的重要因素之一。以"马航 MH 370 失联事件"为例，这件事为什么持续被关注？就是因为里面有非常多的未知因素：飞机去哪了？是坠落了，还是像当年很多传言一样被劫持了？如果坠落了，为什么一点痕迹也没有，连卫星都看不到？这到底是一个阴谋，还是一个简单的航空事故？这些因素都会吸引人们，使人们多年来持续对这一事件给予关注，一直想要寻求真相。所以我们说神秘性也是一个选题是否吸引人的重要元素。

第八个因素是趣味性。好玩的东西、好看的东西、有趣的东西等，这些都是非常符合阅读特性的。这里面的"阅"，指的是它可以让读者更轻松地接受，然后形成谈资，从而扩大传播效应。比如，我们都知道两会报道是很严肃的，但在2013年两会期间，我和同事就做了一个动画片叫《小狐狸》，教观众三分钟看懂两会。那时我还在搜狐工作，我们就拿搜狐的小狐狸形象设计了一个动画片，让它去跟人大代表或政协委员做一个虚拟的交流，把两会里面一些重要的常识、信息等传递给大家。这个片子当时获得了超过40万人次的点击量。

第九个因素就是情绪。在选题当中"情绪"这个因素也很重要。举个例子，2012年春节期间有这样一则新闻：有一个江西农村的小伙子在上海打拼，父母一直盼着他能带回个女朋友，于是过年时小伙子就将自己在上海谈的女朋友带回了老家。女孩是土生土长的上海人，到男友家一看，男友的父母都是典型的农村人，吃饭时大瓷盆往桌子上一端，桌子、碗筷也不是很卫生，女孩当时就接受不了了，给远在上海的爸爸打电话。第二天，女孩的表哥就赶过来把她接走了，两人就此分手。

这则新闻中没有名人，也没有什么神秘性，为什么会刷屏？为什么让很多人记忆犹新？就是因为很多国人的心中都有一种情绪，即城市和农村的对立情绪。从20世纪50年代开始，每个人都有了属于自己的户口本，蓝本是农村的，红本是城市的，多年来城乡之间一直是一种二元对立的状态，这种状态所产生的社会情绪就在这则新闻中集中爆发了出来。尽管后来有帖子称这是一则假新闻，但它所反映的东西却是社会中非常真实的一面。

最后一个想跟大家说的因素就是关于新闻里涉及性的因素。其中，做得最好的是杜蕾斯，我记得当时杜蕾斯有一个品牌策划，就是征集用户来说一说杜蕾斯与苹果手机的区别和联系有哪些，这一策划一时间引起了广泛关注。但一般品牌在运用这一点时要非常慎重，否则可能会令你的品牌变得很低俗。

总而言之，事件的时效性、地点的显著性、与生活的贴近性、矛盾与冲突、事件里的人情味、名人效应、事件的神秘性，事件的趣味性，以及事件中情绪性等因素，都将决定选题的可读性。但我还要跟大家强调一点，在运用这些因素时，你需要提前把握好这些因素在新闻中所占的比重。如果说一个选题按100分要求的话，并不是要求每个因素各占10分，而是根据这个选题当中某个因素的突出性来决定其比重。比如有的选题将某个因素里发挥到极致，就会产生爆发性的传播，那么显然就要突出这个特定的因素。

由此也可以看出，要打造超级IP，让你的文章具有可读性，选题的选取、选题中各因素的运用等，都将起着决定性的作用，同时这些因素也决定了你所运营的内容是否具有广度和深度，是否能够成为真正的超级 IP。

 **吴晨光**
个人品牌导师

一点资讯副总裁、总编辑，搜狐网前总编辑，著名媒体人，曾任中央电视台、《南方周末》《中国新闻周刊》《博客天下》编辑、副主编等职务，《中国新闻周刊》新媒体创始人，畅销书作者，代表作品《超越门户》《自媒体之道》等。在喜马拉雅畅销课程"职场名师训练营"领衔"打造你的个人品牌"。

找准创业的方向和方法

我是"快陪练"的创始人陆文勇，我想跟大家分享一下关于如何创业的内容。关于创业，我认为应该包含有六个部分，分别为找准方向、找对人、找到资金、找好品牌和定位、找到环境与机遇以及找到企业的核心竞争力。在这几个因素当中，找准方向是创业道路上的一个最重要的开始。每一位打算创业的人，在迈上创业之路前就应该开始思考：如何找到未来事业的起点？

关于这部分内容，我将它分为以下三个部分分别阐述。

商业逻辑和赛道的判断

当我们去开创一项事业的时候，要怎么才能找到核心的商业逻辑和商业赛道呢？我举个例子大家就能理解了。

大家都知道埃隆·马斯克，世界上最知名的电动汽车品牌特斯拉的 CEO。那么，为什么特拉斯能成为世界上最牛的电动车之一？埃隆·马斯克在当初创立特斯拉时，他的商业逻辑和赛道判断又是什么呢？首先，从商业逻辑来说，汽车行业是一个靠能源驱动的产业，具有强大的供应链，也拥有广泛的市场，是除了房地产市场之外的第二大消费市场。其次，汽车能源的变革是从最初的马车到传统的柴油汽车、汽油汽车，再到今天的电动汽车，当下的电力成本已经远远低于汽油、柴油成本。这其实就是一个新的商业革命。每当这种时候，就会出现一些非常有创造力、有活力、发展迅速的公司，特斯拉就是其中之一。特拉斯的出现，改变了汽车的定义，也改变了原有汽车的消费成本结构，使能源消耗降到以前的 20%，未来还可能变得更低。而从汽车行业的整体发展方面来看，它还是一个软硬件相结合的产物，不再局限于一个代步工具，所以这就是埃隆·马斯克对于新兴赛道的一个判断。

再比如我现在所从事的教育事业，我们该如何去判断赛道呢？现在的教育模式可以分为线上教育和线下教育，也可以分为素质教育与 K12 教育（学前至高中的基础教育）。而现在要想在教育行业内有所发展，该怎么选择呢？

在我看来，未来随着人工智能的发展，所有标准化的东西都将被颠覆，人类社会中所有重复的、可衡量的、可信息化的事情都会由机器人去完成。我们可以想象一下，在未来，像背课文、背公式等很多需要死记硬背的知识可能会陆续消失，取而代之的是另一种教育模式的发展，即对人类的创造力、审美能力、逻辑思维能力、情商和财商等综合素质的培养。由此，我认为教育行业的新兴赛道就是综合素质教育。

通过上面的叙述，相信大家已经对创业初期的商业逻辑和赛道判断有了一定的了解。只有具备完善的商业逻辑和高瞻远瞩的赛道判断，才能为你的创业大计开个好头。

使命、愿景和价值观

当我们面对某一行业时，我们该如何去思考自己的使命，以及未来企业的愿景和价值观呢？有人可能会说："我就先找个生意来做，做起来再说吧！"这种观念是很危险的。真正伟大的公司，都具备非常强大的愿景和价值观，比如我们非常熟悉的马云，在创立阿里巴巴时，他定下的目标或使命就是"让天下没有难做的生意"，铸就了今天的阿里巴巴，也使其成为中国 BAT 当中最耀眼的公司之一。

所以，要创立一项事业，并非单纯地做个生意，一定要具有使命感，具有相应的愿景和价值观。它可以是帮助一些人获得健康，也可以是帮助一些人培养兴趣爱好，或找到幸福的起点……只有具备了非常有能量、有愿景的使命时，你才能吸引更多的伙伴加入你的行列，也能吸引更多的人为你投资，助力你一起完成这个伟大的使命。

最喜欢和擅长的事情

很多创业者在初创事业时，都抱着"我要成功""我要挣大钱"这样的想法，但却忽略了自己的个人特质。每个人的性格是不一样的，能量也是不一样的，只有找到了自己喜欢做的事情，并能长久地坚持，才有可能创立事业。创业最需要的就是兴趣和坚持，因为只有这样，你才能拥有更多的能量去克服创业途中的各种困难，去追求未来的成功。

同时，你不但要喜欢、有兴趣，还必须要擅长。也就是说，你要能够在本身的商业模式中找到最适合自己的模式。就拿BAT的每一位创始人来说，他们都拥有不同的长处和个性特征，如李彦宏具有非常强烈的技术性格，所以他非常适合去做技术类的事情，去通过技术改变世界，让每个人平等地享受信息，这是他所擅长的事情；而马云是一个非常擅长输出能量、愿意分享观点、个性外向的人，所以他最适合的事业就是商业，通过不断地对外输出和沟通，去缔造自己的商业帝国。

所以说，我希望大家在创业之前能够发现自己的长处，并努力在自己擅长的领域发展。就拿我自己来说，我为什么会选择在线音乐教育呢？首先，音乐教育有一个非常重要的特征就是双边平台，一边有老师，一边有学生，而我非常乐于沟通，所以这是我擅长的事情；其次，我本身非常喜欢音乐，在大学时就曾参与各种歌唱比赛，还组建过乐队，所以我对这件事具有浓烈的热情和兴趣。当我选择以此为业时，也愿意去坚持、去发展，哪怕已经做了十几年，甚至未来再做十几年，我也心甘情愿、乐此不疲。

以上三点就是我给大家的创业建议，希望对即将创业的伙伴们有所帮助。

 陆文勇
创业导师

快陪练创始人，e袋洗前创始合伙人兼CEO。具代表性的"85后"连续创业者，曾被《福布斯》评为30岁以下亚洲杰出人物。在喜马拉雅畅销课程"职场名师训练营"领衔"职场人的创业课"。

有效沟通:
决定成败的关键

在工作当中,如何将自己的观点或一个好的主意传递给对方,让对方接纳我们的观点,或者愿意按照我们给出的方案去实施,从而产生有效的价值呢?

我认为最关键的因素就在于有效的沟通。如果沟通不顺畅甚至无效,那么不论你的团队多么厉害、方案多么新颖,对方也不能领悟关键点,一切工作都会毫无价值。

从我个人的工作角度来说是如此,但仔细想一想哪一个行业、哪一种职业不需要沟通呢?就拿我们给学员上课这件事来说,不管我们的知识点、知识理念多么丰富,如果学员们没有领悟到,那我们的知识和理念又能发挥出什么价值和作用呢?

基于沟通的目标,我认为在人际关系中,我们应该带着下面的理念和思维模式与他人沟通。

首先,沟通的目的是建立关系,而不是跟对方比较,更不是为了镇压住对方、赢过对方。沟通的出发点一定要放在对方身上，也就是说，你要明白沟通的受众是谁，对方关心哪些问题，什么样的沟通方式对对方最有效，如何用他能接受的语言、能理解的逻辑与他进行沟通等等。总之，一切的目的都是与对方建立一个良好的有效的关系，从而最终形成彼此之间的沟通，并通过这种有效的沟通影响对方。

我们用一个形象的比喻来解释沟通的话，沟通就是一个传球游戏。既然是传球游戏，就需要两个人之间配合默契，我传给你，你再传给我，中间谁掉了球，游戏都玩不好。有一次，我跟几位朋友一起聊沟通的问题，也说起沟通就像一个传球游戏，一位朋友就指着另一位朋友开玩笑地说："你传过来的经常是一颗铅球，并且直接就扔过来了，也不管我们接得住接不住！"这其实就是说另一位朋友不太会沟通，说话比较直，这样自然是不利于彼此间有效的沟通。

既然是传球游戏，自然就需要双方的配合。如果我们在篮球场上传球的话，一定会先看好对方站在哪个位置，然后基于对方的位置再决定用什么样的高度和角度把球传过去，从而保证他能接得住。同样，他还得给我们传回来，所以我们还要关注对方想要用哪种方式把这个球传给我们。即使某个高度、角度可能不是最合适的，我们也要努力去配合对方，这样的传球游戏才能成功。一旦球掉了，沟通就会无效，彼此间也容易产生误解。

这也在提醒我们，要使沟通达到有效的目的，就一定要运用对方能够接受、能听得懂的语言，用对方熟悉的、能够理解的逻辑。我给大家举个例子，有一次，我与一位大型企业的 CEO 讨论他们的人事安排问题。这位 CEO 在看到某些人才时，总是会想方设法把这些人才招进自己的企业中，但我并不完全认同他的做法——也许你看中的人才很有能力，但他真的符合企业的发展需要吗？也就是说，这些人才进入企业后，是否能够发挥出企业所需要的能力，这其实还是一个未知数。所以我想说服他，暂且不要一股脑儿地招太多的人进来。

一开始，我用比较学术性的语言跟他沟通，但我发现，这位 CEO 听着听着就开始打瞌睡了。我突然意识到，我这样用咨询顾问的语言自说自话，对他来说其实就是"没说人话"。于是，我索性说起了大白话："您肯定懂得一个萝卜一个坑的道理，咱得先把坑挖好，然后再找萝卜。万一萝卜的形状不适合咱挖的坑，你把萝卜先搬来了，到时候放不进坑里怎么办？"这么一说，他立刻就明白了。

从这个小故事可以看出，用对方能听得懂的语言去与对方沟通，才能真正实现有效的沟通。有时候，越高深的道理往往越需要用直白的话说出来，这样才能更容易让大家理解。

其次，在传球游戏中，除了要把球有效地传过去，还要能将对方传来的球准确地接住，这样才能保证传球游戏的顺利进行。

在职场上，大家最容易犯的一个错误是什么？就是领导交代的任务没听懂，然后就带着一知半解的理解去实施了，结果忙活半天，交上来的东西可能并不是领导想要的。出现这种情况并不表示你的工作能力不行，而是因为一开始就没接住领导传过来的"球"，没领会领导要传达的真实意思。所以，确保你真的理解了对方的意图，在沟通中是非常重要的。

事实上，不管是领导还是客户，他们并不认为你向他们多问问题、多提建议就是不好的。相反，这种积极沟通、做事负责的态度还会让他们对你印象深刻。很多时候，我们认为对方说的是这个意思，但对方可能传达的是另一个意思，如果不加确认，就容易出现误解，甚至因此会做很多无用的工作，白白浪费时间和精力。当然，反过来说，如果你是领导，在与员工沟通时，也应该尽可能清晰地阐述自己的观点和想法，交代任务时也要清楚、明确，以便下属可以尽快落实。如果你担心员工没理解透彻，也可以向对方确认一下，问问对方是否真的理解了你的意思，是否有足够的时间和资源去完成，有没有什么困难和需要澄清的等等。这样与对方确认一番，才能确保自己的"球"能够顺利地传递到对方手中。

由此可见，沟通就像传球游戏一样，必须要有传有接，这样才能形成一个有效的闭环。可能以往大家在与人沟通时想的都是"我把话说给你了，我就算是交代清楚了"，这是不对的，因为这样并没有形成闭环。或者对方说完，你听了，但不吭声，自己慢慢消化，这也没有形成有效的闭环。双方一定要有传有接，形成充分有效的理解，不断以对方为出发点，才能形成一个高效的闭环沟通模式。

其实在很多时候，人与人之间出现误解、矛盾或冲突，都是因为沟通不畅。在这种情况下，我们就容易对对方产生很多假设，如他对我不友好、他可能反对我、他可能没有理解我……这些都是我们心里的假设。因为这些假设，我们可能就会拒绝再与对方去沟通，或者直接与对方进行争论，这些都不是有效沟通。只有像传球游戏一样，将自己的球顺利地传出去，再努力接住对方传过来的球，彼此之间才能消除误解和障碍，形成良性沟通。

余　进
沟通力导师

埃森哲战略大中华区总裁，曾任麦肯锡全球董事合伙人。在喜马拉雅畅销课程"职场名师训练营"领衔"职场人的沟通课"。

让自己成长的关键：
职业规划

　　职业规划对于职场人来说，意义何在？我发现很多人对职业规划没有清晰的概念，或者有的人认为职业规划是有意义的，有人认为职业规划根本没有意义。在我看来，职业规划就是没有意义的，为什么这么说呢？因为，我发现虽然很多人想要从职业发展的角度弄清楚自己未来干什么，或者想象未来几年以后自己成为什么样的人，但是实际上很多人都没有按照这个方向走，因为环境是变化的，每个人的思想和能力也在变化。

　　最近，我和我们的一个销售冠军聊天，我问他："你大学毕业，为什么选择来北京呢？"他说："我就想在3年内挣够100万元。"我又问："你完成这个目标了吗？"他说："还没有，因为我刚刚开始。"我接着问："职业规划对你来讲有没有意义？"他说："我觉得我没想清楚我自己要做什么，我只想先生存下来，然后我才能谈理想。"他的想法其实也是我的一个体会。我发现，现在的年轻人大多会面临各种信息的困扰，虽然很多成功的经验很励志，会给他们带来更多的目标，但是这些目标也经常会被他们放弃。因为，理想很丰满，现实太骨感。

那么，到底应该怎么做？我觉得那位销售冠军的想法是对的。先设定一个短期目标，比如说挣到100万元，然后就按照这个目标马上行动起来，无论是寻找一份工作，还是去发展一份事业。在选择职业目标的时候，首先要确定自己的职业发展方向是什么，是工作导向、是成就导向，还是事业导向。

在我看来，要生存首先要找一个工作。但是，如果你没有真正把这个工作当作你的职业，在工作中就没办法展现你的能力，也就无法体现你的成就。我在面试的时候，经常有一些求职者说："我有这个能力，我可以做这个。"还有一些求职者会说："我希望我能够在这个职场上有所发展，学到新的东西。"但是，我们真正需要的并不是这样的人，我们需要的是能够给企业或者岗位创造价值的人。在解决问题的过程中边行动边学习，和先学习后行动，是完全不同的两个概念。

所以，在职场上的定位是大家首先应该想清楚的问题。就像你去攀登一座没有捷径的高山，就要不断探索到底要往哪个方向走。目标只有一个——登上山顶，但路径可能有千万条，你需要做的就是选择一条最适合自己的。

　　所以，我觉得在工作中，要把自己的职场定位分成三个方面。第一个方面，你要清楚你寻求的是一份工作，还是一份职业，抑或是一份事业。在我看来，这是事业成功的三个阶段。第一个阶段你要先找一份工作，当你在职场里获得一定的经验之后，你才能发现哪些工作能给你带来成就感，这时候你才会发现哪些工作可能会成为你的职业。那么什么是你的事业？事业就是可以为之奋斗一辈子的事情。而这些东西的获得就要靠你不断去总结和提炼工作经验，不断让好的行为成为习惯。

　　我希望我说的这些能够给大家带去一些思考，帮助你们找到自己的成长路径，然后弄清楚自己在工作中收获了哪些经验和道理。我在跟一些同学聊天的过程中发现，他们大多都有复盘和反思的习惯。有的同学对我说，他每天睡觉之前脑子里都会过一遍电影，今天干了哪些事情，哪些事情干得好，哪些事情没干好；有的同学则会把这些东西记到笔记本上，然后列出优先顺序；还有的同学会把这些写在自己的行动计划里。中国有句俗话叫作："今日事今日毕。"所以，我们每天做的事情都要有一个结果。有的人每天工作12小时，有的工作13小时，但是没有总结，成效自然不会高。而有的人虽然每天只工作七八个小时，但因为总是会对自己做的事情进行总结和提炼，并将其变成下一次行动的指南，所以他们的成效都非常高，因为他们会少犯很多错误、少走很多弯路，同时也能够帮助身边的人，成为好的工作伙伴。

如果把工作中的学习比作下棋，那我们需要做的就是，在跟高手博弈的时候，要从对方身上找到自己的不足，然后向对方认真学习。要知道，当我们身处在一个团队中，我们的成功不仅来自个人的努力，而且来自跟伙伴们学到了什么，以及伙伴们帮助了我们什么。当然，最理想的状态是，既能够获得别人的帮助，也能去帮助别人，能力互补之下，无论是个人还是团队都能获得更大的成绩。

能力互补不仅可以让我们从专业上不断地发掘自己的潜力，还能让我们跨界学到很多自己不擅长的东西。而如果我们总是在自己擅长的领域深挖，而不去观察和发现周围的人都在干什么，那么当职场或市场发生变化的时候，我们就会成为没有准备的人，结果很可能被淘汰出局。所以，我们在日常的工作中要不断地向同事学习，通过学习，不仅可以掌握更多的能力，更重要的是，可以激发我们自身的潜力，让我们变得更加强大。

如果每天按部就班地去工作，我们可能会发现，自己的工作好像没有什么成就感。但是当我们设定一个目标的时候，就会发现自己在工作岗位上或每一件事情上都有所收获。更重要的一点是，当我们设定一个目标之后，就会发现，我们做的事情对这个社会是有意义的。只有这样，我们才能真正成为事业上的赢家，也才能真正成为掌握自己命运的人！

 段 冬
职业发展规划导师

58到家信息技术有限公司首席人才官。在喜马拉雅畅销课程"职场名师训练营"领衔"职场的人才发展课"。

创业要先读懂人性

记得很多年前在我创业初期，公司里的女性雇员总是更多一些。当然，我并没有不尊重男性的意思，只不过从这一点来看，女性似乎更为强大。为什么这么说呢？因为女性总是要付出更多的努力才能取得跟男性一样的平等地位。时至今日，世界依然如此，因此女性更为强大。

尽最大能力影响更多的人

在跟大家分享之前，我想说的是：在这个世界上，有很多人才是追随者，还有另外一些人才是领导者。追随者也可以为社会做出贡献，当然领导者的贡献则更多，因为领导者是更有影响力的人，有时候一个人就可以影响亿万人。相信大家都听过印度圣雄甘地的故事。他是印度民族解放运动的领导人，领导印度人民进行革命，把英国殖民者赶回了老家，建立了一个新的国家。类似的故事主人公还有马丁·路德·金，他是著名的黑人民权运动领袖，在美国为人权而奋斗。我们或许没有潜力成为像圣雄甘地或马丁·路德·金一样拥有如此影响力的人，但我们却可以在自己力所能及的范围内影响我们身边的人。举个例子，目前华尔街英语有 3000 名员工，如果我们现在可以做到影响这 3000 人，那就意味着可以影响 3000 个家庭，这些家庭又有邻居和朋友，将这份影响力会持续地传递下去。

持续创新，企业永恒不变的动力源泉

如何让一个企业成功？创新是最好的出路。但是，在创新之前，必须去创造发明。也就是说，如果你是一位企业的创始人，或者是一位高级经理人，你必须去创造一些新东西，这样事业才能长久发展。例如，如果你想要对一把椅子进行创新，那么就必须先生产出这把椅子，即在创新之前，你必须有创造，你不能创新不存在的事物。我多年前创造的英语学习方法，之前并不存在，它现在正在改变包括中国在内 28 个国家的英语教学方式。这就是一项发明，而且我不断地对其进行改进。

创新为什么始终如此重要？因为生活和商业的节奏比以前快了很多。比如说，iPhone 称得上是目前世界上最著名的手机品牌，始终在不断地创新，因为不创新就意味着会被这个时代和这个市场环境所淘汰。反过来，曾经辉煌的诺基亚、摩托罗拉、黑莓等手机品牌，如今又在何方？

保有灵魂，企业长久的秘诀

什么是灵魂？灵魂是我们内在的东西，真正赋予生命的不仅是肉体，更是精神或灵魂。在中文语境里，灵魂也被称为"气"或者"能量"。科学尝试着去探索生命的起源，却始终无法揭示其中的答案。我不是宗教信徒，但我也不认为人只有肉体和精神，还应该有能量，而我与之共存。

那么，是什么造就了一家企业的灵魂？如何定义企业的灵魂？什么是一家企业的价值和重要组成因素呢？是眼界，是使命感。多年来，我一直在强调：一家真正健全的企业，利润不是目的，而只是做了正确事情的结果。当然，我们做任何项目及任何公司都需要利润，不然我们无法生存下去。但是，我们不应该聚焦在利润本身，而是应该专注于为大众做正确的事情，这种项目才会长久，比如华尔街英语。当提到要为人们做一些正确的事情时，就要提到商业道德，这就是伦理。

最后，我们来探讨一下价值观，这甚至比前者更为重要。

我在这里谈及的只是其中的几项，我把它们看作是事业和生活中最重要的价值观，分别是承诺、忠诚和热情。承诺，就是指你需要得到员工的承诺，不然你不可能成功，但这需要一个前提，那就是你必须先给员工承诺，对他们负责。而且这不能是一句简单的口号，你要多思考具体应该做些什么。同时，作为商人，作为领导者，除了要对你的员工负责，还要对你的客户和整个社会负责。

还有，忠诚，试想一下，如果没有忠诚，生活将会是什么样子呢？当然，还需要热情。你必须热爱你所做的，必须保有激情，否则不会长久。哈利·路易斯教授曾在哈佛大学担任过 19 年教授和 6 年院长，当他 10 年前退休时，写了一本书——《没有灵魂的卓越》，看来哈佛大学也在谈论灵魂。

大家都知道雷曼兄弟公司，2008 年，全球经济危机爆发，很多金融机构相继破产，这家美国排名前 5 位、世界排名前 10 位的银行也倒闭了。为什么？正因为他们没有商业道德。他们只专注于盈利，所以他们会销售那些假冒的金融产品。这是我们理解商业道德和人性价值的最好的例子。

华尔街英语为何能取得长久的成功？2022 年，华尔街英语将迎来创立 50 周年。我 10 年前离开公司时是总裁，现在是荣誉总裁，依然办讲座、培训管理层，一直像家人一样与公司在一起，所以华尔街英语的灵魂依然存在。

李文昊 Tiziano Peccenini
人生成长导师

华尔街英语创始人及荣誉总裁，著名教育家，多元英语教学法创立者。自创一套关于健康、快乐及商业成功的实践方法，80 多岁高龄依然以饱满的精力和激情每天连续工作 12 个小时。在喜马拉雅畅销课程"职场名师训练营"领衔"职场人的人生成长课"。

青创客的故事

有这样一群年轻人，每天凌晨 4 点，他们起床的第一件事就是在微博打卡，然后读书学习，运动健身。他们是一群满怀梦想的年轻人，也是一群走在创业大路上的前行者，他们的名字叫"青创客"。

2018 年年底，张萌女士创办了"青创客计划"，旨在助力"青年成长成功"的创客成长，带领他们从 0 到 1 创业，在助力他们实现人生价值的同时，也在不断创造社会价值。如今，这一群人已经行走在创新创业的阳光大道上。

在这群人中，有博士，也有中专生，有高级科研人员，也有普通的企业员工，甚至还有留守妇女、残障人士以及失业者等。但是，在"青创客"理念的引导下，大家通过不懈的努力与奋斗，渐渐改变了自己的命运，成长为一名合格的创业者，实现了自己的人生价值。

2019 年，洪明基老师与众多青创客分享了他的创业精华理论——"六力理论"。这一理论对青创客产生了深刻的影响，在践行这一理论的过程中，不仅实现了自己的蜕变、提升了自己的能力，还帮助更多的伙伴走上了蜕变之路，用自己的生命影响了他人的生命，用自己的成就鼓舞着他人前行，照亮更多人，活成一束光！

本书推出的 44 位优秀青创客，是"青创客计划"与洪明基老师"六力理论"最具代表性的践行者。他们讲述了自己成长与蜕变的故事。这些都是真人真事，他们勇于挑战自己、最终实现"破茧成蝶"的人生蜕变，又以自身的经历验证了"六力理论"助力创业的巨大效用，并形成了自己的方法论，使之成为人生中最为宝贵的财富。希望这些普通人崛起的故事，带给读者成长中的思考——"敢比会更重要"。

原力

很多人只看看得到创业成功者的光鲜，却鲜少有人知道创业过程的艰难。创业意味着九死一生，成功的创业者无不经历过无数次的放弃，无数次站在悬崖边而不知所措。所以，要想成为一个幸福的人，就必须找到自己创业的原力，即你为什么要创业，你的初心和使命是什么。原力是在遇到困难和挫折的时候支撑创业者走下去的强大动力，正所谓，不忘初心，方得始终。

从外企高管
到天赋定位导师转型之路

我叫吴思潼，是亚瑟国际管理咨询（北京）有限公司董事长，是中国天赋研究院的联合发起人，"太阳姐姐22天天赋定位特训营"创始人，金盾出版社的人才发展顾问，目前也是一位资深天赋定位导师，还是张萌萌姐个人品牌训练营MCN的"优秀学员"。创业至今，我已经累计帮助500多名学员找到了天赋定位和人生蓝图。

我来自浙江宁波，创业之前，也是"北漂"的一员。但从某种程度上来说，我算是"北漂"中比较成功的那类人。二十几岁来到北京，经过多年的打拼，到了33岁，我已经把自己打造成为许多人羡慕的"金领"形象。

当时的我，担任着一家美国管理咨询公司亚太区的高管，英语专业8级，已有12年500强企业内训师的经验，服务了1000多国内外企业人才测评项目；每天都与国际化团队共事，出入的是五星级酒店，出行坐的是头等舱，活跃在世界各地的商业舞台之上。外人眼中的我，在国际大都市生活工作，有车有房有颜有才，无疑是人生赢家。但是，内心深处，我并没有感受到快乐，而且我会时常感到恐惧和迷茫，因为我似乎找不到人生的方向。我扪心自问："此生为何而来？如何才能活出真正的自己？如何才能度过有意义而不留遗憾的一生？"无数次深层次的自我拷问，让我终于走上了深度探索生命原力的旅程。

在我看来，原力就是一个人的"天赋使命"。我们每个人来到这个世界，都是带着独一无二的天赋和使命。我们生而不同，同时又要创造不同。终其一生，我们要做的就是将自己独特的天赋和使命真正连接起来，做自己喜爱、擅长、服务他人又创造财富的事。

意识觉醒之后，我开始遍访名师，用脚步丈量地球。我走遍了五大洲、四大洋的 40 多个国家，见到了世界各地不同文化、种族、肤色、信仰的人之后，我发现所有人最终的追求都是"爱、喜悦、和平"。终于，我开始了悟，生命其实只是一场体验。

见到了自己，见过了天地，最终我决定回来再见众生。于是，我原创了"天赋定位"课程体系和"太阳姐姐吴思潼"个人品牌，成为国内天赋定位第一人，首提"天赋幸福力"，开始致力于天赋定位教育，期望能够帮助渴望活出自己的人利用天赋创造财富，让他们的人生不再迷茫。

人生在世，最终要通过做一件事来成就自己，服务他人。这件事就是我所理解的原力，也就是一个人的"天赋使命"。当一个人找到了自己的生命原力，也便找到了人生的定海神针，从此在事业中就不会再迷茫，也会慢慢感受到幸福，呈现出阳光力，不断提升格局力，同时也会保持终身学习的态度，持续实现执战力，去达成目标。

给大家分享一个我利用寻找"天赋定位"帮其创业成功的真实案例。案例的主人公名叫一美，是一位"80后"宝妈，她来自北京，如今是"一美闺密会"的创始人。

2019年4月14日，一个阳光明媚的春日，一美邀请我在北京蓝色港湾共进午餐。她对我非常信任，所以，在我面前总是敞开的、真实的，她找我的目的是想让我帮助她梳理人生方向和事业定位。在此之前，她虽然一直在不断学习和提升自己，但是却充满了迷茫和困惑，不知道自己究竟想做什么，加之刚刚投资失利，所以也不知道接下来的路该怎样走下去。一美说，她不会放弃创业，但是却需要我为她指明方向和道路。

经过一番沟通，我大概了解了她的情况，并帮助她做了初步梳理。后来，她来到了我的课程，我帮她找到了属于她的定位：撒娇女王——一美闺密会。课后，她曾给我写过一封长长的感谢信，在信中她这样写道："三天两晚的课程，烧脑

72 小时，换来的是一次商业模式的大梳理，其意义可以说价值百万！"目前，她的创业项目已成形并开始盈利，抖音粉丝 25 多万。

如果说，在帮助学员梳理天赋定位和人生蓝图的过程中，我更加笃定了创业原力，那么在遇见萌姐后，可以说更是升级了我的创业思维和对互联网教育的理解，因此，我的个人品牌也获得了极大提升。

2019 年，我受邀成为"快节奏时代下如何练就幸福力思维"千人大会圆桌论坛嘉宾，得到 100 多家媒体报道，和张德芬等老师同台分享。来到这个平台，更加激发了我的原力，感谢这个能发挥我更大价值的创业平台。助力青年创业，我们一路同行。

太阳姐姐吴思潼
· Title 资深天赋定位导师 · 微博 吴思潼 Sunny

把自己的使命变成现实，便拥有战无不胜的原力。

赋能自己，成就更多人

　　我叫刘慧芳，2019 年 5 月加入团队之后开始组建自己的学习社群，带领很多想要改变自己的小伙伴一起早起打卡、读书打卡、练习演讲打卡、拍视频打卡、复盘打卡。就这样，一群美美的人一起坚持着，互相监督，互相鼓励。

　　自从加入团队，我觉得自己找到了人生和事业的方向，同时更让我感到幸福和欣慰的是，我帮助许多曾像我一样迷茫的小伙伴找到了属于自己的人生目标。

　　在团队中，让我感受最深的便是"赋能"这个词。当发现并理解了这个词之后，我的人生才开启了新的一页。第一次听到"赋能"这个词，是缘于一本《赋能》的书，而第一次感受到被赋能，是在 2019 年 3 月参加"财富高效能"的线下课。当时，因为很有感触，我便在课后发了一个微博，没想到获得了萌姐的点赞。更没想到的是，就因为这一个赞，我那篇微博的阅读量一个晚上就接近了 10 万人次。而且，开始不断有人关注我的微博。那一刻，我觉得太神奇了，好像自己突然拥有了一双翅膀，可以自由在天空翱翔一样。而这时候，我也似乎意识到了，原来被赋能可以让一个平凡的人拥有这样大的能量。

这个发现让我的心情久久不能平复，也引发了我的深刻思考：为什么我没有这样的能量和能力？怎样做我才能也用一个赞去激发一个人的创造力和生命力呢？于是我开始系统地学习相关课程，希望能从中找到自己想要的答案。

第一次在北京学习萌姐的"财富高效能"相关课程之后，我最大的收获是明白了时间管理的重要性，以及时间对于人的塑造性。课程结束之后，我给自己制订了自我提升的方案：早起、读书、演讲、写作、运动、拍视频，打造个人品牌……以上这些，虽然基本上都是从零起步，但是我却很想把这些全部做好，正如萌姐说的那样："知道不如做到，做到不如持续做到。"

在坚持做到的同时，我也始终在坚持输出。因此，关注我的人越来越多，其中有很多人还会经常私信我，夸赞我的自律和学习能力，这些反馈更加让我体会到了持续做到和输出的重要性。

当坚持 100 天以后，我发现自己真的有了很明显的改变。我觉得非常神奇，仅仅 100 天而已，回报的显现竟然如此积极而真实。为此，我特别写了一篇有关 100 天的学习复盘的微博文章，文章发表后引来极大的关注，在获得很多点赞的同时，也引发了大批人的竞相效仿和学习。

获得了这些成绩，我并没有停下脚步，自我学习和提高的意识反而更加强烈。2019 年 8 月，在与小伙伴同读《从受欢迎到被需要》这本书时，我们的学习热情更是达到了一个新高度。我们读了多遍，一份作业超过 2000 字，其中还包含着各种精美又有学习价值的思维导图。

凡此种种，都让我真切地感受到，所有跟上的学员都开始慢慢蜕变了。

在这期间，我会经常收到很多的信息，有请教的、有咨询的，也有夸奖和赞美的。其中，有几个人的私信让我陷入了深思，让我感触最深的是芬芬和小生发来的信息。收到她们的信息都是在深夜时分，看到她们长长的信息，深深地感动于她们对我的信任，也深深地感到了痛心。我几乎是流着泪看完了她们的信息，命运对她们真的是太不公平了，竟然让年纪轻轻的她们承受了那么多的苦难。其实，每个人都曾因为生活而叫过苦、喊过累，我也不例外。但是，当我看到她们的故事，只能说我原来的叫苦叫累只是矫情。我真的很想帮助她们，甚至超过了当初想要自我提升的意愿，而让我感到更加应该这么做的是，她们也是真的很想改变自己的现状，而且也在为此积极努力着。

那么，究竟怎样才能切实可行地帮到她们，让她们获得成长和提升呢？这时候，我想起了萌姐在送给我的明信片上写过的一句话——"共同助力中国青年成长"。当时看到这句话，我并没有多少感觉，也没有体会到这句话背后的深层含义。但这时候，我开始有所领悟，想要帮助别人成长，就要给予他们方法，为他们做好引导，在精神上给予他们鼓励和陪伴。一个人获得了精神力量，就会充满信心，一切就会变得有可能。

领悟到这层深刻含义之后，我感受到了一种生而为人的使命感和价值感，我觉得自己责任重大，只有不断赋能自己，才能帮助更多人，成就更多人，而这也正是一个人人生和事业成功的原动力。

基于此，我给自己绘制了一幅人生蓝图，即我想要达到的人生和事业的目标：

1. 影响 10000 名女性，通过读书学习，让自己蜕变，拥有生命掌控权，从而收获更丰盛的人生；

2. 带领超过 100 位青年轻创业，让他们拥有更多的收入，实现财务自由的人生；

3. 在 2019 年创立自己的教育咨询有限公司，服务更多热爱学习的群体；

4. 把自己的读书会办成一个有影响力的平台，吸引更多人参与，并且也有很多分会会长，形成更大的号召力；

5.把"赋能 100 天蜕变营"办得越来越好，帮助更多的人成长蜕变。

我最大的愿望是，可以和更多的人相互赋能，彼此成就。

刘慧芳
·Title 杭州慧芳教育科技创始人 ·微博 刘慧芳－芳姐

只有扬起利他的帆，才能开动事业的船。

如果还有梦，
就迎着光勇敢去追

2018 年，我做了一个艰难而重大的决定，离开了我的第一个东家，扔掉了所有人眼中的"金饭碗"。辞职的原因有些复杂，但最主要的有两点：一是觉得工作的强度和压力太大，有些无法承受；另外一个原因是孩子，因为工作太忙疏忽了对孩子的照顾和关爱。

我选择了另外一家离家很近而且工作相对轻松的国企。原以为，从原来的高压环境中换到一个自由舒适的地方就会拥有想要的生活，但事实却并非如此。虽然，轻松的工作能让我有了更多与孩子相处的时间，与孩子的关系也变得亲近了许多，但是我却越来越觉得哪里不对了。人生目标和自我价值感的缺失，让我变得无比焦虑。

于是，在无数个失眠的夜晚，我开始变得越来越恐慌。那段时间，我忽而会觉得自己什么都可以干，忽而又会觉得自己一无是处。自负与自卑交替上演着舞台剧，梦想犹如电影情节不停地出现在眼前，却又不可自拔地虚度着光阴，总是下定决心之后很快又放弃，无休无止的优柔寡断耗费着我的心神。

就在最迷茫、最痛苦的时候，我无意中在"樊登读书"APP中听到了《高效能人生的自我管理》。萌姐的干练、优雅和充满能量，立刻俘获了我，我被她实力圈粉了。

我决定改变自己，重新寻找自己。可是这时候，自信的缺失让我再一次陷入困境：三十几岁的年纪说大不大，说小也已经不小了，现在才开始寻找自我会不会太晚了呢？有一天晚上，坐在回家的公交车上，道路两旁昏黄的路灯交替闪过，耳机里飘来范玮琪的那首《最初的梦想》："最初的梦想紧握在手上，最想要去的地方，怎么能半路就返航？"这句歌词深深地触动了我，是啊，有梦想就要去追，年龄大小有什么关系，早点晚点又有什么关系？

那天晚上，我看着女儿的睡颜，心中浮想联翩。如果我把身心都放在了她的身上，当她长大的那一天会感激妈妈的这个选择吗？如果 30 年后，她抱着同样的疑问来问我该怎么选择，我要如何回答她？记得董卿在参加《面对面》的访谈时，曾用自己的亲身经历告诉大家："你想让孩子成为什么样的人，你自己就要先成为什么样的人。"所以，我一定不舍得她去做所谓的牺牲，我一定告诉她不要犹豫，要勇敢地去追求自己的梦想。

那一刻，我突然如释重负。

我们可以用一辈子的忙碌来逃避内心不安的感受，也可以用成全别人来当作无法活出自己的理由，但我们终究会在某一个瞬间意识到，对人生的不满都是由自己的怯懦造成的。真正的难题不是没有梦想，而是放弃曾经的坚持。

听了线上课之后，我发现自己竟然从来没对人生进行过规划。于是，我做了一个曾经觉得不可能的决定——去北京参加线下课。那次课程对我来说意义重大，让我第一次知道了人生蓝图、价值观，知道了以人为师，知道了"学习五环法"。

通过这次学习，我的思维得到了升级，视野得到了开阔。在接下来的半年中，我跟随践行了"以人为师"计划，学习了很多课程，看了很多以前从来没时间去看的书，也去见了许久不见的老师。我越来越清晰地认识到，一个人的行为是由思维来决定的，思维改变了，世界也就改变了。

现在的我，每天都会给自己留一些独处的时间，读喜欢的书，走能走的路，做好时间规划和身材管理。一个人在顺风顺水的时候，根本检验不出来的使命、愿景、价值观，而在遇到困难的时候这些东西才弥足珍贵，因为它们可以让你愿意放弃短期利益，寻求长足发展，并坚持下去。而这就是所谓的原力吧。

当我开始一步一步地去做这些的时候，焦虑也就在一点一点地消失。马伊琍在凭借《我的前半生》斩获白玉兰视后说过这样一段话："女人不要为取悦别人而活，希望你们为取悦自己而活，勇敢地、努力地去爱，去奋斗，去犯错，但请记住一定要成长……"

突然，感觉自己的人生正在起飞，而目的地，有很多种可能性。我不再是一个完美的妈妈，但是我是孩子最好的榜样；我不再是一个完美的员工，但我对岗位问心无愧；我不再是一个完美的女儿，但是我会守护着父母一起慢慢变老……我有一个梦想，正在实现它的路上。

就这样，我一直在对照课程一点一点梳理自己的价值观，寻找自己真正喜欢的东西，规划自己真正需要的人生蓝图。加入团队之后，我希望能够在自我成长的同时，帮助到更多曾经和我一样迷茫的人一同成长。

现在的我不再焦虑，开始踏实地工作，积极地学习，因为我知道，当我能给别人提供价值的时候，才是我获得价值回馈的时候！

Jane
·Title 工程师辣妈 ·微博 破烂熊 ragbear

找到了自己的原力，也便找到了人生的定海神针，在事业中就不会再迷茫。

生命的意义在于
有梦想地"老去"

　　最近几年，"斜杠青年"这个词被越来越多的人熟识和关注。斜杠青年，指的是这样一个群体：他们不满足单一职业和身份的束缚，而是选择一种能够拥有多重职业和多重身份的多元生活。比如说，一个人在工作时间是产品经理，在休息的时候就变成了业余摄影师，周末又化身为孩子们的篮球教练……产品经理、摄影师、运动教练等多重身份，就是对"斜杠青年"的最佳诠释。

　　随着社会的发展和科技的进步，斜杠青年的群体愈发壮大，同时这个群体的年龄也愈加宽泛，许多"斜杠中年"开始陆续出现，而我正是一名始终保持学习的斜杠中年。

　　我叫马达，目前正在从事品牌服装创业和心理学教育普及工作。每个人从小到大都曾有过无数的梦想，我也是如此。小时候，我梦想着通过学习走出农村，到更广阔的天地去实现更大的目标；毕业后，我梦想着拥有自己的事业，开辟一片新天地；成家之后，我希望可以给女儿最好的陪伴和教育，做一个智慧的优秀的妈妈。

45 岁的我，内心深处始终涌动着一股能量，那就是希望能够让自己的生命一直充满着阳光和奋斗，从而让人生更有意义。尤其在 2019 年结识萌姐之后，我对此更加坚定，也更加深刻地意识到，梦想就是一个人内在的原动力，拥有原动力可以支撑我们完成每一个目标。

目前，我最大的梦想就是，通过我的辅导和课程，帮助 100 万名参加高考的家长和孩子走出焦虑和迷茫，让考学不再艰难，让家长和孩子的梦想能够顺利实现，而我的这个梦想源于曾经切身体会的 3 年陪读经历。

重新构建后半生的人生蓝图之后，我觉得自己变得更有价值，也真正体验到了生命真正的意义。运用利他精神，让更多的人因我而变得更好。实现这一切都需要具备阳光、坚韧、持续学习的能力、博大的胸怀、超强的行动力以及强烈的社会使命感。而这也是我对洪明基老师"六力理论"的理解，更是我对自己的要求。

俗话说："心有所想，事有所期。"让我感到欣慰和自豪的是，在过去两年多的时间里，我帮助了上千名家长和孩子以及他们的家庭，为即将高中毕业的 10 多位孩子确立了人生方向，并持续助力他们的大学学习。这让我感受到了更大的价值，因为我不仅可以给人以心理指导和陪伴，还可以从时间管理、精力管理、效率提升以及确立人生目标上全面助力、全程帮扶。在心理辅导中融入人生规划和时间效率管理，是非常契合的组合，也是我做心理学教育服务工作的一个创新。把一个人的心理疏导明白了，只是解决了意识层面的问题，如果行动上做不到依然过不好这一生，这是我在实践过程中的真实体会。

2019 年的教师节，我收到了一份倍感惊喜的礼物，一个我曾帮扶过的高考复读并成功考入理想学府的孩子给我发来了祝福。那一刻，我觉得非常高兴和欣慰，曾经帮扶过他的种种情景再次浮现在眼前。

2018 年暑假，我带着包括这个孩子在内的 3 个孩子和他们的家长，一起参加了萌姐"财富高效能"课程和青年大会。通过这些课程的学习，我为他们制定了详细的学习计划和目标，并定期回访他们的实践情况。最终，我们的辛苦没有白费，孩子终于考上了北京的大学，而我也实现了帮助他走出高考困境的目标。

在这一年的陪读时光里，看到一个年轻有朝气的孩子可以因为我而获得改变，变得更加努力向上，我觉得一切的付出都是值得的，而这也为我的人生梦想实现打下了坚实的基础。在未来的两年时间里，我将用心打造一本关于心理辅导的书籍，然后利用这本书去影响和改变更多的孩子和家庭。

我越来越坚信：梦想不会因年龄而停止，所以我们应该带着使命感去追寻！

当然，有了梦想只是第一步，更重要的是我们要真正地为之付出行动。我认为，人活着最大的价值就是创造更多的不可能，用一个生命影响更多的生命！让自己像太阳一样照亮身边更多的人！

这样，在未来离开这个世界的那一刻，我们才能够骄傲地对自己说："我这一生很值得，因为有上百万人因我而受益，我对自己的人生很满意！"

马达姐
·Title 高考心理辅导师　·微博 尹鸿心理

梦想就是一个人内在的原动力，拥有原动力可以支撑我们完成每一个目标。

不断学习和改变，
活出人生的2.0版本

　　我是李贤超，研究生，毕业于海南大学，曾经有一份朝九晚五、待遇不错的工作。研究生毕业的身份，加之一份令人羡慕的工作，让我从表面上看来，像是一个比较成功的人。但是，没有人知道我内心的真正想法，我经常扪心自问："现在的生活是我真正需要的吗？现在的工作是我真正想要做的吗？"

　　无数次自问，却无法换来一次明确的答案，直到2017年的一次偶然"相遇"，终于让我曾经迷茫的人生找到了方向。

　　我清楚地记得，那一天是2017年2月6日。那一天，我正坐在火车上。由于一个人出行，旅途寂寞，于是我便掏出手机，打开喜马拉雅FM，想听听娱乐节目打发一下时间。就在找寻节目的过程中，无意间映入眼帘的是首页的"人生效率手册"课程。或许是这个新颖的题目吸引了我，我迟疑了一下，便点了进去。伴随着一位短发、漂亮的女老师出现在眼前的，是一个个极具吸引力的标题："人生目标""高效学习""时间管理""修炼硬本领"……我果断购买了课程。让我没想到的是，就是这样不经意间的一次小举动，最终竟然改变了我的人生。

随着课程的学习深入，慢慢地，我的生活就像被重启了一样——我的起床时间从 7 点 30 分调整到 5 点，我开始做计划、树目标、列清单，练习"萌姐每日 60 秒"，学习演讲主持。这一切都源于内心的一个声音——我想改变！

在学习了课程半年多以后，我越来越清晰地意识到，朝九晚五的工作不是我真正想要的。在我把决定辞掉工作另谋发展的想法说出来之后，没想到立即收到了萌姐公司向我投来的橄榄枝，询问我是否愿意加入他们的团队。当时的我就像是一个在大海里溺水的人突然抓住了救命稻草，兴奋得整个人都跳起来，欣然接受了对方的邀请。

就这样，我带着梦想和满腔热血来到了北京，开启了人生的新篇章。

从第一次直播，面红耳赤、紧张完全不敢说话的状态，到刻意去学习直播技巧、幽默段子，如今能在直播间默契配合，即兴发挥；从主持十几个人小课，一上台手抖脚抖，到主持 200 个人场的大课，风趣幽默、淡定自若。我想说的是，学习是我改变的起点。真正能让我变道超车的是，当初的那份勇往直前想要改变现状的心，是那份勇敢明智的抉择！因此，我才有机会渐渐活出了人生的 2.0 版本。

加入平台两年多以来，我一直在坚持早起读书、演讲、健身，从 135 斤成功瘦身并练出了让人羡慕的 6 块腹肌；我激励了 3 万个小伙伴早起读书健身，首创"故事型演讲课"音频课，一年成功助力 1 万名学员晋级演讲新秀；同时还主持了 200 多场活动，最高规模达到了千人场，还参与"又忙又美说"栏目 100 多场直播，由于台风睿智幽默，深受众粉丝喜欢。目前我的微博粉丝已经达到了 5 万多个，抖音粉丝更是达到了 8 万多个。团队的帮助，让我成为小伙伴心中的面膜小王子，励志小网红。在取得这些成绩的同时，我也深刻意识到，要想做好一名青创客，必须心怀利他之心，真正帮助别人成长。

有一个学员，大学学的是飞行员专业。学习期间，他经历过严苛的选拔和复杂的课程，也熬过了国外学飞中的孤独与艰辛，甚至曾从实训中的一次"飞行事故"死里逃生……那时候，他的确是把这当成了将要追求一生的事业。但是，一场家庭的变故彻底打乱了他的计划，他的父母离异了。他为此受到了很大的打击，结果导致飞行员考核失败，不得不含泪告别了飞行生涯。从那之后，他的眼里失去了光芒，生活变得浑浑噩噩。2019 年 5 月 15 日，在和他进行了长达两个小时的语音交流之后，他报名参加了第三期"财富高效能"的线下课程。

如今，这个曾经梦想成为飞行员的大男孩已经找到了新的人生目标，并规划了新的人生蓝图——帮助想成为飞行员的学生，解决他们在学飞中遇到的各种问题，为他们提供一个学习和交流的平台。就这样，他的眼中光芒重现，并带着这束"光"来到了北京。

在青创客这两年多以来，我遇到了太多类似这样的小故事。每当有小伙伴迷茫或困惑的时候，我都会用充足的耐心去帮助他们分析现状、答疑解惑，不惜成为他们的情绪垃圾桶。我始终在告诉自己，努力不仅仅是为了我自己，更是为了用我的坚持、自律和努力去影响更多的人，让更多像我一样，从小地方走出来的人以及在职场中遭遇迷茫和困惑的人，能够认清努力的意义，相信逆袭就存在于自己身边，相信日积月累的努力之后，时间一定会替自己证明。正所谓，要用生命去影响生命。真正践行利他精神，为那些迷茫困惑、没有方向、习惯性懒惰拖延、不自律的职场小白，提供职场快速进阶的方法论、实践指导以及精神鼓励。这是我的价值所在，也是我一直为之努力和奋斗的使命和原力。

我相信，努力是一种生活态度，从感觉吃力到毫不费力，中间是不为人知的用尽全力。我特别喜欢何炅老师说的一句话："如果你真的觉得很难，那你就放弃，但是你放弃了就不要抱怨。"人生就是这样，世界是平衡的，只要通过努力，我们才能决定生活的样子。所以，无论什么时候，千万不要放纵自己，而是要时刻努力做到今天的自己比昨天的更优秀，坚持的力量就在于此。

李贤超

·Title 故事型演讲导师　·微博 李贤超

努力和坚持，可以让原本灰暗的眼睛盛放光芒。

想做的事情，想过的人生，
任何时候都不晚

2018 年，我刚好 30 岁，初为人母。平淡的生活，加之责任和压力的增加，让我感到了焦虑和迷茫。我不想就此消沉，便为自己设立了很多目标，但是，这些目标最终都在拖延中化为尘埃。机缘巧合之下，我读了《人生效率手册》，这本书就像是一道光，照亮了我原本有些灰暗的人生之路。

从那之后，我痛下决心，重新为自己设定了一个崭新的目标，我在"下班加油站"、朋友圈及社群里告诉所有人："我要早起日更公众号 100 天！"这一次，我切断了自己所有的退路。

但是，树立目标容易，实践起来却非常难。很多次我都想过要放弃，但是曾经在大家面前喊出的豪言壮语却每每在关键时刻点醒了我。有时候来不及更新文章，我便把生活中的碎片时间利用起来，坐车的时候、等人的时候、排队的时候，这些时间都化作了我写作的战场。

努力总有结果，付出总有回报。因为用心写作，我收获了诸多荣誉："下班加油站""五四青年节杯"征文比赛第三名，萌姐新书《加速：从拖延到高效》书评第一名。另外，我还获得"精力管理50课"复盘演讲比赛第二名以及年度复盘大课第一名等荣誉。

2018年年底，"寻找青创客计划"开始实施。听到这个消息后，我成为第一个报名的人，因为我一直坚信"跟对人，才能做对事"。

在萌姐和团队其他成员的帮助下，通过一年的努力，我获得了长足的进步：成为微博知名的职场博主，同时也成为头条文章的作者；"白杨师姐写作陪伴营"已经累积陪伴近3000名学员一起学习写作；参加了"又忙又美"大赛，获得了励志女性奖；参加了博鳌亚洲论坛，被评选上了"超级青创客"；组织了白杨师姐全国巡回分享会，成立了白杨师姐工作室。如果要用一个词语来形容我的这一年，我觉得是"充实"。

最初进入知识付费教育领域的时候，我想的是，如果每年能有五万元的额外收入就会很开心了，但是一年之后，我的收入竟然突破了百万。互联网时代带来的这种爆发式增长，让我们的学员遍布全国各地，这是用传统行业的眼光无法衡量的，它把许多不可能变成了可能。

在加入平台以后，除了自己的成长，更重要的是我还学到了

"利他精神"。在我们的社群中，有很多想要突破自己勇敢去改变现状的女生。

有一个女生，她在学校特立独行，古灵精怪，酷爱看书和做生意。但是，心向远方的她却因为生病的父亲选择了留在老家——一个四线城市工作。她会陪着父亲上医院，给父亲按摩、擦洗，陪父亲聊天、散步……她没有请护工，而是和妈妈亲自照顾父亲，直到父亲生命的最后一刻。

后来，她成为"白杨师姐写作陪伴营"的一名学员。有一天我收到她的语音，她抽泣地对我说："师姐，我真的写不下去了，实在太难过了……"透过文字，我看到了她对父亲的依赖、感激和思念。

有一天，她对我说："师姐，我来当你的助理吧。"

我说："以你的经验、能力，来我这里完全屈才了啊。"

她说："我以前在传统行业工作，现在在新媒体，我就是小白。"

我说："可是我们的工作很琐碎。"

她说："以前我想得最多的是怎么挣钱，现在我想做点对他人有用的事情。"

她和我一样，今年 30 岁，人生的路，重新开始。

不是谁都有从头来过的勇气，所以，我有什么理由不支持她的决定呢？

　　她的名字是安迪，现在是我的助理，是白杨师姐工作室的一员。

　　很多人问我创业辛不辛苦？为什么辛苦还在坚持？我想，也许"她们"就是答案。"她们"就是我坚持的原力，也是我克服困难的动力。

　　我希望看到更多闪光的女性，我愿意在她们的成长路上陪伴她们、温暖她们、支持她们。我们一起在平凡、平静、平淡的生活中找到属于自己的不平凡。

　　愿所有女孩都更"爱"自己，有勇气和魄力活成自己想象中的样子。

　　做想做的事情，过想过的人生，任何时候都不晚。

白杨师姐
·Title 青创白杨工作室创始人　·微博 白杨师姐

空谈误国，实干兴邦——想到就去做，实现梦想任何时候都不晚。

幸福力

幸福，是自己内心和谐、感到愉悦的一种状态；而幸福力，是让自己内心和谐、获得愉悦状态的能力。无论在生活中还是在事业中，我们的终极追求都是拥有幸福感，获得幸福力。因此，在创业的时候，我们必须寻找自己真正热爱又擅长的领域。首先，通过这样的事业获得经济独立，才能够让我们拥有真正的幸福。另外，我们更容易在这样的领域获得成功，因而带来的成就感以及对别人所产生的帮助，也才能真正体现我们的价值，这也是幸福力的一种体现。

让天下没有焦虑的女人

我叫刘恩惠，来自北京，是搜狗、索尼、互联网信息中心大型互联网公司前产品设计师。因为认识了萌姐，找到了自己人生目标，做了一名心理咨询师；因效率提升表现出色，短短几个月提升为产品经理；在参加线下"财富高效能"课程后，于2019年5月下旬加入青创客，成为一名人生规划导师。在这期间，我还被评选为2020年"赢效率手册"大使以及2019年"又忙又美"大赛月度第一名。

4岁起，我便失去了父母的爱，是爷爷奶奶把我养大的。上大学时，由于专业并不是我的兴趣所在，所以毕业找到相关工作之后，我一直不是很努力。每天晚睡晚起、工作拖延，生活过得浑浑噩噩。工作几年之后我结婚了，原以为婚姻会是我幸福的源泉，在那里可以找到爱和价值，但事实证明，我的想法太幼稚，孤独和无助继续伴在我左右。

记得那段时间很抑郁，想要通过学习获得改变。偶然的机会在樊登读书会听到了《人生效率手册》这本书，作者是一位"85后"的成功女企业家。书中介绍说，她连续 20 年每天早上 4 点起床，当时我就被这种精神震惊到了。于是我立即买了这本书，并开始每天践行早起，并学习"学习五环法"。经过一段时间的学习和坚持，这本书不仅帮助我改掉了拖延症，还帮助我从 0 到 1 找到又喜欢又赚钱而且有价值的事情。

学习，让我的工作和性格都发生了很大的变化，原来那个怯懦胆小的我变得大胆而积极。为了践行"敢比会更重要"，我决定跟大家分享，秀出自己，于是参加了"又忙又美"大赛，获得了月度第一名。我还参加了"财富影响力"课程的演讲比赛，并获得了第二名的好成绩。另外，我还报名参加了"30 天地铁路演计划"，我想向全世界宣告我的喜悦，我为我的改变感到非常满足和幸福。

在我看来，幸福力就是：你的职业＋兴趣＋使命／价值感的交集。

当然，仅仅在工作中感受到幸福是不够的，我们还要在家庭中扮演好自己的角色，从中获得更多的幸福感。因为越来越自信，丈夫也看到我身上的变化和闪光点，开始主动跟我交流工作，在一些重大事情上也开始主动征求我的意见和建议。更让我感到幸福的是，我还被孩子的幼儿园评选为"又忙又美"的妈妈榜样。

一个人获得幸福后，也希望周围的人能够一样幸福。于是我开始践行"学会的最高标准是会教"，在线帮助 200 多名小伙伴找到了他们的人生目标。每周末我都会请来一些大咖在"财富高效能"复盘社群线上分享创业经验，还会进行一些个人品牌课程的分享，看到小伙伴们听完有收获，从迷茫和焦虑走向清晰和快乐，我内心充满了幸福感。

有一个小伙伴，我跟她结识于"财富高效能"答疑社群。她主动地加了我的微信，跟我诉说了她的情况：她是一名体制内职工，有一个 5 岁的女儿，丈夫是一名建筑师。从表面上看，这是一个幸福的三口之家，但在她内心深处，却有许多说不出的不甘、委屈以及对未来的美好向往。女儿 5 岁之前她一直没有上班，这让她感觉自己与社会越来越脱节。而且照顾孩子的过程中所承担的辛苦也是不可言表的，尤其是女儿两岁的那段时间，她的心理遭受了很多磨难，情绪变得异常焦虑，常常无缘无故一个人哭泣，也常常会变得很暴躁，而她的这种坏情绪也影响到了女儿，导致女儿的性格有些内向。那段时间，她觉得自己就像是一只在暴风雨中独自漂流在海面上的小船，人生已经彻底失去方向。而她的这种情绪也给她的家庭带来了很多不安定的因素，导致她与丈夫之间的关系变得非常紧张。听着她的故事，透过屏幕我都能感受到她的痛苦和无奈，我建议她参加一些课程的学习。

她虽然在听完相关课程之后，在自我管理和认知上有了很大进步，但是在落实方面却做得不是很到位。于是，她加入了我的第四期"财富高效能"线上训练营和读书会。通过这次训练营的学习，她学会了三点定位法。通过我的指导和帮助，加之每次完成的复盘作业，她开始不断复盘总结，最终确定了自己的定位——家庭教育导师——亲子关系，这是她内心真正想要去做和实现的事情。

有一次她跟我说，她原来的交际空间很小，性格也很内向，但通过参加读书会以及我的"萌姐每日60秒"口才训练营，她觉得自己越来越敢说，也越来越愿意与大家分享交流了。在这期间，她还参加了《从受欢迎被需要》读书会，学会了价值锚点，能够更加灵活地运用利他原则与人交往，建立了生态社交，打破了圈层壁垒。这些进步自然让她的情商也得到了不断的提升，她的家庭也因为她的这种转变开始变得越来越和谐温馨。

听她讲述着自己的变化，我觉得再累都是值得的。随着价值感和使命感的上升，我觉得身上的责任更重了，但我并不惧怕，因为这是一种甜蜜的负担。

越利他越幸福。我一直有一个梦想：让天下没有焦虑的女性。

刘恩惠
·Title 心理咨询师 ·微博 恩惠－情绪解忧师

能带来幸福感的利他主义，是最为重要的"生意经"与"处世态度"。

与智慧妈妈携手同行，
共启彩虹人生

　　我是 Rainbow 大博博，一个"90 后"萌妹子。生活中的我充满仪式感，爱收纳，爱探索，喜欢有科技感的生活周边，更喜欢用手账和镜头记录生活。而工作中的我，完全符合摩羯座的人设：追求完美、略为强势、勇敢执着。

　　毕业即创业，现在的我是一个家庭教育俱乐部的创始人。2020 年，我将启动一个新的项目——Rainbow 妈咪成长学院，希望通过阅读、健身、游学、早起、社交、论坛、训练营等方式，从科学育儿、自我成长、家庭关系、女性职场等方面，一站式地助力女性完成角色转换，同时兼顾好家庭事业和孩子的陪伴教育，并且有时间做回更好的自己，成为智慧女性、智慧妈妈。

　　创业中不遇到点波澜是称不上创业的，而我就是在创业初期从被淹没的口水中站起来的那一个。2017 年 6 月，24 岁的我从哈尔滨工业大学航天学院硕士毕业。毕业之后我直接选择创业，但在周围的人看来，这是一个难以理解的决定。名校毕业、专业有前景、简历很优质的我，为什么要去创业呢？我一遍一遍地带着尴尬又不失礼貌的微笑，向家人朋友解释我自己的想法，这其中还包括，到现在依旧不确定我的选择是否正确的我的母亲。如今，已经创业两年的我一直有一个秘密，我从未跟别人提及，这个秘密就是我创业的初衷，也是我不断执着向前、努力前进的原动力，而这个秘密与洪明基老师"六力理论"中的幸福力不谋而合。

成为教育工作者的梦想是我年幼时就种下的一颗种子，用心的爱和陪伴是父母给予我的家庭教育，耐心的帮助和指引是老师给予我的学校教育，热心的关注和包容是他人给予我的社会教育。我所有的成长到成熟都归功于我遇见的每一个人，接受的每一次教育，从中我感受到了无比的幸运和幸福。带着这份使命和激情，我想成为一名教育工作者，让更多的女性充满幸福力，进而传递给她们的家庭和孩子，让这些孩子的未来也可以自信、阳光、快乐、幸福。

两年的时间，我遇见了上百位妈妈，看见她们因为我的一次讲座，抑或一次约谈，抑或是一句话而有所成长和改变，我都会感到生活中开始呈现出幸福的变化，对我来说是一种极大的满足。每次看到她们发来的鼓励、支持和感谢的信息，我心中都会充满无限的动力。

让我印象特别深刻的是一个小男孩，他叫盼盼。盼盼的父母都是大学老师，常年忙碌，所以盼盼一直生活在奶奶或外婆家。第一次印象里的他很拘谨，手一直搓着衣角。我和他交流了几个关于幼儿园生活的简单问题，还和他做了一些搭积木的游戏，发现他存在畏难情绪，遇事会先问后果，或者受到家人肯定，才肯尝试。小小年纪的他经常皱着眉头，不过对我手中的魔方却特别感兴趣。我决定以教他玩魔方作为切入点，先和他成为朋友，而后我约见了他的妈妈，并和她促膝长谈了好几个小时。最终盼盼妈妈决定把盼盼接到身边，每天至少保证父母有一个人可以陪伴他。现在的盼盼已经跟原来有了很大的不同，每天都特别地阳光自信，善于模仿不同的声音，魔方也玩得很不错，还和妈妈共同制定了学期目标，妈妈也辅修了早期教育这个专业来提升自己。

遇见这些妈妈是我的幸运，与她们同行是我的选择，帮助她们成长是我的使命，愿未来我能和她们一起开启属于我们大家的彩虹人生！

Rainbow 大博博

·Title Rainbow 妈咪成长学院创始人　·微博 Rainbow 大博博

发现工作的价值与意义，是获得幸福感的重要方法。

遇见美好的自己，
拥有幸福的人生

    我叫路朱，来自辽宁省一个山清水秀的县城。我是一名"90后"二胎宝妈，也是一位女性创业者，如今是一位情商教育指导师。现在的我事业小成，家庭幸福，但是，曾经的我却经历了一段人生的灰暗期。

    24岁大学毕业那一年，我便为爱情义无反顾地选择了婚姻，在接下来的5年时间里把自己完全奉献给家庭，养育了两个孩子。但是，默默地付出并没有收获幸福的婚姻。2018年是我人生中最灰暗的一年。当时，由于长期与社会脱节加上产后抑郁，我变得越来越焦虑、越来越没有安全感，对另一半的要求也越来越苛责，婚姻不可避免地陷入了岌岌可危的境地。当时的我，面对人生，不知道方向在哪；面对生活，感到绝望和无力；面对孩子，又感到内疚和自责。我的人生仿佛陷入了一个黑洞，无时无刻不感到紧张和崩溃，直到听了"精力管理50课"，我才重新看到了生活的希望。

于是，我开始努力学习。通过接受指导和帮助，我渐渐明白了自己感觉不到幸福的原因，是因为我没有让自己幸福的能力，总是向外寻找幸福，却没有向内努力追寻。于是我开始了一段发现自己、突破自己的旅程。

2019 年，我加入了"下班加油站"学习平台，这是我人生改变的开始。我开始学着时间管理，安排好每日计划，每天早晨在孩子还熟睡时，便起床读书学习，给自己的大脑充电；我开始科学饮食、坚持健身，打造完美身材的同时为身体充电，精力充沛地面对每一天。一个月的时间，我瘦了将近 10 斤；我开始学习儿童情商教育，学着用积极乐观的心态去面对生活中的挫折，用快乐的情绪影响我的宝宝。经过一段时间的学习和调整，我从原来那个爱哭、爱抱怨的"黄脸婆"，变成了乐观自信、有力量的独立女性。我的家庭状态也从每天吵吵闹闹、关系紧张变成了充满理解和爱的氛围。我越来越清楚地意识到，女人是家庭的灵魂，如果家中的女主人乐观自信，这个家庭的生活氛围就会轻松和谐，夫妻关系就会更加亲密幸福，孩子也更容易拥有健全的人格和美好的人生。

这是我觉醒的第一步，然而真正让我下定决心去帮助更多像我一样的女性的契机，源于与朋友的一次聊天。有一次，一个闺密来找我，聊着聊着她哭了，向我透露了一件伤心的往事。

原来，当年她怀着女儿的时候，丈夫出轨了。为了给孩子一个完整的家，她选择了原谅。可是她的宽容并没有换来丈夫的真心悔改，生下女儿后，他们长期处于分离状态，丈夫对她和女儿根本没有太多关爱。现在她的女儿已经上小学了，虽然很听话，但是性格却有些内向，老师曾向她反映，她女儿平时很少跟同学讲话，上课从来不主动回答问题，下课也从来不跟其他孩子一起去玩。她很自责，觉得是因为自己不幸福所以才造成了女儿现在的心理缺陷。听了她的讲述，我很心疼她，也很心疼她的女儿。而这也激发起了我的使命感，因为我有过跟她类似的遭遇，我深知陷在困境中裹足不前的痛苦，我也体会过改变之后的幸福。

于是，我开始跟她讲述我内心转变的过程，以及我为此而付出的努力。我告诉她，幸福是一种能力，是可以通过不断地修炼而获得的。挫折是生命中不可避免的存在，然而决定一个人幸福与否的是，在面对挫折的时候是否具备乐观的态度。当挫折来临的时候，我们不要想"我怎么这么倒霉"，而应该想"还好没有更糟"。通过我的开导和帮助，她渐渐走出了心理阴霾，并决定像我一样开始向内追求让自己幸福的能力。

什么曾经拯救过你，你最好就用它来拯救这个世界，这正是我的初心和使命。我现在正在筹备成立"幸福力量"公益讲堂，希望能够分享情商教育和积极心理学的知识，把幸福和快乐传递下去，让更多的姐妹发现自己、了解自己、爱上自己，做一个乐观、自信、内心有力量的幸福女人。只有让自己成为幸福的女人，才能拥有让家庭和孩子幸福的能力。

我要帮助千千万万的姐妹，平衡好家庭、事业，以及社会中多元角色间的关系，遇见更加美好的自己，拥有更加幸福的人生。

路 朱
·Title 情商变现导师 ·微博 **路朱情商变现导师**

人生的终极目标，是追求幸福。而幸福感的载体，恰恰是在追求快乐和寻找意义上。

心向阳光，不忘初心

2019 年 7 月 13 日下午，有幸听到了洪明基老师在第五届青年大会上讲述的青年创业"六力理论"：幸福力、阳光力、格局力、学习力、执战力以及原力。其中让我感触最深的是幸福力，因为这是我目前正在做的。我理解的幸福力是使命、激情、职业与事业的交织，也是自己喜欢、擅长、能获得收益的以及他人需要的集合点。兴趣与事业的完美结合是大多数人的追求和梦想，我也不例外，而且幸运的是，我正在践行着这个梦想。

我叫王萍，来自古城西安。我的梦想是在一年之内成为一名最会演讲的情绪管理导师，助力更多被情绪困扰的人获得内心的平静，释放潜力，提升幸福感，从而提升整个家庭的和谐与幸福。

在明确自己的事业方向之前，其实我也曾走过一段迷茫困惑的人生之路。2014 年，我的孩子一岁多，那时的我内向又消极，还没有学会管理自己的情绪，所以十分苦恼于如何养育一个正处于敏感期的孩子，纠结与痛苦是我当时最真实的心理状态。

这时，一个偶然的机会，我听到了樊登老师解读的《你就是孩子最好的玩具》这本书。对于我来说，这起到了决定性的作用。在这本书中，有这样一句话深深地触动了我："教育的本质就是一棵树摇动一棵树，一朵云推动一朵云，一个灵魂唤醒一个灵魂。"我特别感谢我的孩子，因为是她推动我走上了自我成长之路。从那之后，我开始阅读，加入读书会。而真正让我重启人生的是遇见了萌姐，通过学习她的课程，我开始做时间管理、身材管理，开始不断地探索自我。

我特别享受探索自我的过程，享受通过情绪了解自我的过程。因为我渐渐意识到，当一个人知道自己为什么成为现在的样子，或者某种情绪背后的需求是什么的时候，他就会变得非常笃定，不会再让自己陷入情绪的内耗之中，反而会通过情绪不断地挖掘自己看不见的部分。了解明白了，才能活得明白，活得明白才能将自己的潜力释放出来，去关注他人，去帮助他人。经过学习，我将探索自我、情绪管理修炼成了我的硬本领。

"敢比会更重要。" 2019 年 8 月，我送给自己一份特殊的生日礼物——成为一名青创客。我曾列举出自己加入这个平台的10个理由，其中有3条都是在强调让自己再勇敢一些，摆脱不敢的束缚，释放内在的潜能。是的，当你遇到问题的时候，如果选择去面对、去尝试，它就会成为你人生的一个突破口。一个个小小的突破口，汇集起来，力量就会无穷大。当某一天你回首过往的时候，你会感谢你的选择，因为不知不觉你已经活成了你想要的模样。感谢青创精神助力了我的加速成长，自我强大之后，我就能够帮助到更多人。

2019年9月，我到北京参加了"财富高效能"的线下课程，系统学习了如何通过管理时间、管理效率去实现人生蓝图。从北京回来的第二天，我便遇到一位线上小伙伴的求助。

让他疑惑的是，他明明为自己设定了目标，也制订了计划，可是在坚持一段之后却不了了之了。他希望我能帮他分析一下，到底是哪个环节出了问题。经过详细沟通和分析，我帮助他找到了出问题的环节。单点突破法强调一种闭环思维，也就是制订计划到目标实现需要经过计划、实施、总结、评估、再次计划。而他的问题就出现在总结与评估环节。发现问题之后，我又积极地帮助他寻找解决的方法。目前，他通过我的帮助已经找到真正影响自己执行的原因，而且他也开始使用《赢效率手册》与《总结笔记》来管理自己的时间，以期助力目标的实现。

能够用自己所学帮助到他人，让我的内心充满了深深的满足感。 正是因为这种满足感，让我觉得特别幸福。

心向阳光，不忘初心，我愿自己成为那一束光，温暖他人，照亮自己。

王 萍
·Title 终身学习践行者 ·微博 王萍情绪管理

幸福力是使命、激情、职业与事业的交织，也是自己喜欢、擅长、能获得收益的，以及他人需要的集合点。

向美而行，
我们终将相遇

　　我叫军宇，是青创客团队的一员，也是意象美学空间创始人，身兼服装搭配师、服装设计师、形象美学讲师、色彩搭配讲师等角色。

　　2018年年底，我通过樊登读书会与萌姐结缘，她讲的7个人物法深深触动了我。在参加了2019年2月个人品牌训练营后，我更加坚定了要靠近她的决心。"敢比会更重要，赢就是比过去的自己强一点。"当听到她在台上讲到这些话的时候，我立誓要以人为师，为自己投资，遇到更好的自己，而加入平台就是人生的决定性瞬间。

　　以前的我是一个懒癌患者，晚睡晚起，工作效率非常低，生活状态也一团糟。但加入平台之后，我逐渐成为一名早起的践行者，坚持5点30分起床200天，并在早起的可控时间里养成了读书的习惯。通过学习精力管理，学习和工作都变得更加高效专注。

虽然我是一名搭配培训讲师，但在加入平台之前都是通过线下课程进行讲授，身处这个知识付费的时代，却从没想过自己可以做一名知识 IP 老师。但是，在学习了相关的知识 IP 课程后，我的个人定位变得更加清晰，而且还意外收获了"优秀学员"称号。这一切都更加坚定了我要在新时代做一名知识 IP 的信心，所以我开发了线上课程"精英职场穿搭蜕变训练营"，并对其持续不断地进行着完善。

我的工作可以让人变美，外在的美好可以慢慢影响内心的改变，提升幸福力。在我看来，想要获得幸福力首先要具备感受幸福的能力，这就要求我们拥有积极向上的正能量，同时还要有利他的同理之心。

工作的原因让我有机会认识了很多全职太太，其中一位叫静娴的全职太太让我印象深刻。静娴的丈夫事业非常成功，但也非常忙碌，所以能够陪伴家人的时间很少。静娴原本是一个热爱旅行的人，但是由于孩子还不到两岁，丈夫又无法顾及家庭，所以她只能被"困"在家里。因为要照顾孩子，所以她平时没有太多时间关注自己，导致形象与婚前大相径庭。偶然的机会，她了解到我们的变美训练营的相关信息，便决定参加。

她学习了服饰穿搭、品位提升、情商打造等课程。通过 21天的系统学习，静娴又找回了原来那个开朗、自信、热爱生活的自己。而她的改变也在潜移默化中影响了她的家庭氛围，丈夫开始重新关注她，她的脸上也露出了满满的幸福感。

青创客呈现在人们面前的始终是积极的、正能量的形象，所以才能够真正影响到身边需要改变的人。我希望自己能够成为一名优秀的学生，努力践行"学习五环法"，然后用"教会别人"实现自己的价值感。作为一名美学搭配师，我希望为那些想要变美的女性解决怎么穿、怎么买的实际问题，同时为她们提供不同场景的穿搭方案，与她们分享美好的生活方式，为她们推荐消费美学产品，以满足女性在不同场所的形象需求。

"又忙又美"是一种独立精神，是一种内外兼修。我的愿望就是让更多的女性变得跟我一样美丽自信，永远践行：从美而来、为美而生、向美而行。

军 宇
·Title 服装搭配师　·微博 任军宇 Ryan

幸福不是一蹴而就，一劳永逸的事情。它是一个动态的过程，也是一个学习的过程。

让天下没有
不幸福的创业者

　　我叫孙娇，法律专业研究生毕业后便选择出国做商务谈判工作。在海外工作生活 10 年，游历了 20 多个国家，其间成家立业，有了一双儿女，生活舒适。之所以选择回国创业，是因为海外经历让我开阔了眼界，学会了站在世界格局的层面看待事物的发展。

　　我在海外工作生活的这 10 年，可以说是中国经济发展最快速的 10 年，同时也是中国在世界格局中势能不断上升的 10 年。2015 年，为了能让孩子们接受中国传统文化教育，让他们变成真正的中国人，同时也是看好中国的发展势头，我们全家回到了国内，我也开始了创业之旅。第一次创业，选择了线下实体，结果由于对政策解读不到位，所以一年就亏损了 200 万元。2017 年，我带领团队开始转型社交电商，开启第二次创业。这次创业，曾经发展非常快，业绩曾经连续翻番，但由于团队发展遭遇瓶颈，很快便遭遇了滑铁卢。

　　总结了这两次创业失败的原因之后，我发现最主要的问题是作为创业者，我没能持续地学习，没能持续提高自己的领导力，于是我决定开始学习。2018 年 11 月，偶然听到了"高情商领导力"这一课程，立即决定参与学习。通过课程的学习以及和萌姐的交流，我逐渐意识到，团队发展遇到瓶颈是因为思维存在一些问题，于是我开始积极寻找解决的方法。2019 年元旦，我加入了平台，带着团队的核心成员一起学习了"财富高效能"课程。

　　如今，通过近一年的学习，我觉得自己最大的改变就是升级了思维系统。我重新规划了自己的事业蓝图，也逐渐走出了创业的瓶颈期，重新找回创业的初心，带领团队开启了第三次创业。

　　通过持续学习以及参加"以人为师"计划，我有幸接触了很多优秀的创业导师。从他们的身上，我学到了很多东西，也渐渐弄清楚了创业和人生的关系。在这之前，我觉得创业只是一种帮助自己实现财富自由的方式，所以才一直徘徊在创业和家庭平衡的两难境地中。因为我毕竟是两个孩子的母亲，如何平衡团队创始人和母亲的角色，一直都是一个困扰我的迷局。

　　通过学习我开始明白，创业是从 0 到 1 做一件自己喜欢又能够赚钱的事情，真正的成功只能来自对自由和幸福的追求。事业成功和财富自由不是我们的终极目标，我们的人生终极目标是追求平静、舒适、无忧无惧、爱、自由、喜悦、健康和真实。在我看来，这些都是幸福的具体表现。所以，对于新时代的创

业者来说，一定要选择自己热爱的事业，只有在追求幸福的过程
中所实现的财富自由才能够让我们的人生获得真正的自由，这也
是幸福力的最终体现。

当意识到这一点，我明确了我的人生蓝图，就是要帮助那些
在职场以及创业中感到迷茫、焦虑和压力的人，解决他们想要追
求幸福却不知道该怎样去做的问题。

在这个过程中，通过创业成长陪伴营、读书会、复盘分享群等形
式，我陪伴我的创业团队伙伴一起创业、一起学习。通过自我学习和
我的帮助，这些小伙伴渐渐学会了享受当下的幸福，懂得了如何平衡
事业与家庭之间的矛盾，创业不再是他们家庭幸福的羁绊，而成为家
庭更加幸福的强力保障。另外，我还帮助很多处在人生迷茫期的年轻
人找到了属于他们自己的人生蓝图，帮助他们走出了迷茫期，找到了
理想的工作，感受到了生活、工作或者创业中的幸福点。

我非常感恩所有伙伴以及各个社群同学的信任与支持，通过他
们的反馈，我深切感受到了自己的价值。我希望通过自己的努力，
让天下不再有不幸福的创业者，知行合一地影响更多人一起幸福！

 孙　娇
·Title 社交新零售创业导师　·微博 孙娇娇姐

一个人的幸福力，会在观察、汲取、创造、改变中慢慢增长，
渐渐沉淀。

愿做你温暖的陪跑者

我叫初宜，来自湖南长沙。现在是一名坚持13年早起的国学经典家庭指导师，也是中国国学文化传承委员会会员。现在的我是一个有事业、有目标、能坚持的事业女性，但曾经的我却在生活的路上遭遇过难以想象的困难和波折。

我是两个孩子的母亲，大儿子患有先天性脑瘫，所以无法在学校接受教育。我没有放弃他，在家里教他读书认字，可是收效甚微，在15岁之前他没认识几个字。我一直在寻觅一种方法，可以教会他读书认字。说来也是一种缘分，2015年我收到了我的指导老师（一位在特殊学校任职的老师）发来的智慧父母入门文件，看完之后让我十分震惊：原来我们的祖先留下了这么优秀和神奇的传统文化！三四岁的小孩子读经典两年，就可以自己阅读各种书籍。我毫不犹豫地买下了全套经典，按照老师给我们量身定做的计划，开始带着儿子读经典。半年之后，奇迹出现了，儿子能够自己单独阅读《三国演义》等书籍了，我见证了一个奇迹。

后来，在阅读《易经》《诗经》《道德经》等 30 多本经典后，他的吐词越来越清楚。就这样，通过自己的勤奋学习，他终于圆了上学梦。

因为坚持阅读，我有幸成为樊登读书会的一员。自从听了《人生效率手册》这本书，我就爱上这个甜美的声音，萌姐的书里都是非常实用的干货。所以我立刻买了她在喜马拉雅上的全部课程，并开始带着儿子一起学习。通过边学边做，我发现我和儿子都有了很大的改变。明确了目标，学会了时间管理，每天的工作和生活都安排得井然有序。更让我欣慰的是，儿子也因此有了自己的人生目标：做一个像力克胡哲一样的优秀的演讲者，去激励更多处在迷茫中的年轻人，帮助他们找回自信，重新向前。

接下来，我带着儿子到北京参加了"财富高效能"课程，在 500 多人面前母子同台演讲，用行动告诉他，敢比会更重要。然后，我又参加了"又忙又美"大赛的直播，在各大社群中我也始终在与小伙伴们积极互动。所以在我看来，幸福力首先应该体现在行动上，想到就去做，而且要敢做。另外，我认为，幸福力还应该体现在无我利他的精神上。记得在参加第 2 期"财富高效能"课程的时候，为了陪一个没怎么出过远门的小姑娘从长沙坐火车去北京，我退掉了已经订好的机票，虽然在经济上遭受了一点点损失，但是这与帮助别人来说是不值一提的。

关于幸福力，我还有更深层次的理解，那就是自己幸福不是成功，带动更多的人感受到幸福才是真正的成功。

记得 2019 年 2 月的一天晚上，正在读书的我接到了小伙伴雨路子的电话。电话中她没说几句便开始泣不成声，我没有打断她，而是继续认真安静地聆听。原来，她因为孩子的教育问题跟父母发生了一些不愉快，这个不愉快成为长期情绪积累的导火索，导致他和父母大吵了一架。了解了情况之后，我跟她说："家是讲爱的地方，不是讲道理的地方。当着孩子的面不要顶撞父母，要做好孩子的榜样。"另外我还告诉她，改变别人是非常难的，不如改变自己来影响家人。我建议她坚持早起早睡，听课学习，读国学经典，跟诸多圣人对话，提升自己育儿宜家的能力，写出父母、爱人、孩子的 21 条优点，坚持写感恩日志。

她非常认同我的观念，并开始践行我的建议。目前，她已经坚持写了 200 多篇感恩日记。我还特地去到她家，帮助她带着孩子们一起开启了户外读书会，目前已经开了 20 多期。经过一段时间的学习和努力，她的孩子也从胆小、不自信的状态脱离了出来，变得自信而阳光，而且还成了班级活动的小主持人。另外，雨路子与父母的关系也变得越来越和谐温馨，她经常会拥抱父母，对父母说"我爱您"，遇到一些困难的时候也不再像原来那样焦虑，总之她的幸福感得到了持续的提升。

在我身边，像雨路子这样获得改变的小伙伴还有很多，每当他们向我报喜的时候，我都会觉得自己充满价值。这是一份充满幸福和价值的工作，我愿意一直为之而努力，做更多人和更多家庭的幸福陪跑者。

初 宜
·Title 国学经典家庭指导师　·微博 初宜－传统文化家庭指导师

寻找幸福的过程本身就是一种幸福，请珍惜生命中拥有的点点滴滴。

幸福在于
追逐梦想和帮助他人

　　我叫刘语乔，现在是一家女性教育集团服装形象搭配顾问和事业合伙人，同时也是人像摄影师，爱好吉他、心理学和旅行。这不是我的第一份工作，大学毕业后，我做了 4 年的商业演出活动策划，后来转行时，身边的亲戚、朋友都觉得我"疯"了。因为在他们看来，我之前的那份工作是很让人羡慕的，既体面，收入又高，而且还经常有机会见到各类明星。但是我知道，那并不是我想要的生活，我真正的兴趣在于服饰的穿搭。

　　上大学的时候，身边的同学、朋友都夸我衣品好，常常有闺密拉着我去帮她们选衣服、选饰品。每当看到她们在形象蜕变之后那种快乐的模样，我就觉得特别有成就感，所以做一名形象搭配顾问一直是我的梦想，也是我幸福的源泉。因此，在做了 4 年商演策划之后我毅然选择了与兴趣为伍。虽然刚开始做形象搭配顾问的时候收入比之前少了很多，但是帮助别人所带来的满足感和幸福感是无法用金钱衡量的。真正让我在这个行业中步入正轨，并不断获取更多进步的契机，缘于一次美丽的"邂逅"。

一个偶然的机会，我在樊登读书会听到了一个年轻温柔的女声，她在讲述"目标管理、时间管理、提升效率"。在这个大咖云集的平台上，她的声音和她的课程显得那么与众不同，我立刻被她和她的课程所吸引，决定好好了解她。接下来，我又听了她的《人生效率手册》，然后把"7个人物法""番茄工作法"一一实践在了自己身上。这时候，"要去现场看看她"的念头开始在我脑海里不停打转，于是我买了高铁票来到北京。见到她本人后，更加一发不可收拾。

从那之后，我从每天七八点自然醒到每天 6 点起床，变成一名早起坚持者，从睡前有空再看书到睡醒之后就看书，每年的阅读量从二三十本增加到 50 本。最初做这些事的时候，周围的人并没有太在意，而且有的人还认为我这只是三分钟热度，但是当我坚持了一段时间之后，身边的人对我的看法开始悄悄发生转变。有很多客户纷纷表示，认为我是一个很有毅力的人，值得信任，愿意在同行中优先与我合作。这对我来说是很意外的收获，因为当初我只是想早起集中注意力多看两本书而已。由此我慢慢意识到，原来严格要求自己，提高效率，可以获得更多的信任，帮助自己的生活和事业都步上一个新台阶。于是，我决定把这个方法分享给更多的人。

我曾遇到这样一个客户，她和丈夫白手起家经营着一家企业。由于工作非常忙，所以她渐渐疏于自我形象的管理，常常会头也不洗，随便穿件衣服就去公司上班。虽然她的不修边幅在员工们看来是由于工作太忙了，但在丈夫看来却有些失了体面。于是，丈夫出轨了一个新来的打扮得花枝招展的女员工。她来找我的时候，情绪已经濒临崩溃，希望我能够帮助她渡过这个难关。我跟她进行了深入的沟通，她决定参加我的课程。学习了形象搭配以及情商课之后，她开始活学活用，整个人也变得焕然一新：职业场合穿着得体，大方端庄，员工都感觉像换了一个老板娘；私人场合衣着妩媚，温柔贤淑，丈夫也重新回到了她的身边。

我的座右铭是：今天要比昨天的自己更好。我的人生蓝图有两个版本：1.0版本和2.0版本。1.0版本的目标是我为焦虑、迷茫、不自信的女性，解决不会穿衣打扮、出门前挑衣服选择困难综合征以及妆容邋遢等问题，提供形象服装搭配、气质礼仪以及情商等课程；2.0版本的口号是让中国女性成为世界的榜样，目标是为焦虑、迷茫、不自信的女性，解决审美差、人际关系紧张、职场及恋爱困惑等问题，提供了比从前更受欢迎的形象服装搭配、气质礼仪以及情商等课程。

通过我的帮助，让别人变得比原来的自己更美、更好、更自信，在这个过程中获得的快乐让我非常满足。而我也因此获得很多友谊，这些友谊在我周围形成了一个互相助力的良性朋友圈。加入青创客这个大团队之后我发现，助力更多年轻人的价值观，与我的人生追求完美契合，对我来说这无疑是一桩幸事。我希望可以依靠自己和团队的力量，去帮助更多的人实现人生的美丽蜕变。

刘语乔
·Title 助力女性成长导师　·微博 小乔老师

让幸福成为一种能力，强于把幸福当作一种状态。

阳光力

阳光来自太阳，太阳不仅自身有极强的能量，而且还会把光和热向外辐射。地球正是因为有了阳光的照射，才变得万物生长，生机勃勃。阳光力的概念正是脱胎于此。首先，作为创业者要具备像太阳一样的品德和性格，要积极、正向、自信有担当，这个就是正能量。另外，还要像太阳把照耀到各个角落那样，把这种能量传递给团队以及身边的每一个人，这就是正能量化。所以，阳光力的两个重要表现维度就是正能量和正能量化，一个是自身拥有，一个是传递给别人。

利他，才是最好的利己

　　1991年，10岁的我正上四年级。那年冬天，我在读的那所偏远的小学校接到了乡里发来的第二年参赛六一节目资格的通知。这件事让我们的老师又喜又忧，喜的是我们虽然在大山深处，但依然获得了与外面世界沟通的机会，忧的是由于学校条件非常落后，老师们也没有资源和能力，所以根本派不出像样的队伍去参加这场竞赛。但是，机会就摆在眼前，大家都不想放弃，于是都开始积极想办法。最后，罗冬海、罗平清、舒采友3位有点武术功底的村民站了出来，无偿承接了这项艰巨的任务。这3位老师在四年级学生里挑选出身高和身体素质都比较优异的10位同学组成了参赛队伍，而我就是其中的一个。

　　当时，木地板加稻草就是我们的训练场。历经了一个冬天和一个春天，无论下雨还是下雪，我们都会在早上5点起床，然后开始集合训练。从压腿、靠墙倒立，到下腰、翻跟头、鲤鱼打挺，3 位小师傅带着我们 10 个 10 岁的孩子刻苦地训练着。最后，在第二年的六一节目表演赛中，我们表演的《艺术体操》获得了全场雷鸣般的掌声和尖叫声，完美地拿到了第一名。

无偿助人的行为，让这 3 位小师傅收获了人生最美、最快乐的冬天和春天，也收获了一段一辈子的师徒友谊，更收获了当初在整个乡里前所未有的人生机会……而这些，都是比金钱更宝贵的收获。

主动为他人提供价值，利他才是最好的利己，这颗阳光力的种子从那时候起就种在了我的心里。

2000—2019 年，从职业生涯到创业，我在人、事、物的经历中总结提炼出了我的人生关键词：自由、精进、分享。

第一，自由。作为多重角色的我，希望自己的生活状态是自由的，能扮演好每个角色，可以自主安排时间，做自己喜欢又有价值的事。

第二，精进。我反对平庸、碌碌无为地过一生，主张应该为理想而奋斗，在成长、做人做事、学习修炼的路上，始终需要保持阳光力。

第三，分享。我会把快乐、好食物、好机会和朋友一起分享，更想把自己自主学习研究、经验总结的方法分享给更多想要改变的女性朋友，帮助她们少走弯路，在通往梦想的路上大步向前，顺利抵达。

这三个人生关键词一次又一次隐隐约约地出现在我过去的经历中，直到 2019 年 1 月，当我遇到人生导师张萌的时候，我才慢慢找回了这些散落的碎片。4 月，加入青创客之后，我第一次清晰地把它们写在了我的笔记本上，白纸黑字是如此真实，表达的都是我想做的事和想要的生活状态。

加入平台的这个决定性的瞬间及时地唤醒了我，左手梦想右手能力，我决定要让能力撑起我的梦想，于是我立即行动起来，前往北京正式开启了我的精修学习之路。在接下来的半年时间里，我学习了所有的线下和线上课程，开始践行早起、运动以及日总结，然后慢慢建立起一套自我管理体系，这让我在时间和效率管理上提高了 30%。

在自我践行的同时我还快速地组建了"荷莲成长陪伴营"社群，一边输入一边输出，分享我学习的知识点，分享我自己摸索总结的方法。目前，我已经成功影响了 300 多位小伙伴，唤醒了属于他们内心的原动力。

越努力越幸运。2019 年 8 月，我接到深圳清华大学研究院付蕾老师的邀请，并于 8 月 17 日在深圳清华大学研究院班进行了一场两个半小时的"时间管理"主题分享。看到同学们因为我的分享而收获满满，我的成就感爆棚，觉得力量的源泉，正是来自内心那颗具有阳光力，想要照亮别人、温暖别人、帮助别人的种子。

在追求成功和自由的路上，我们要依靠自己的能力，不受时间和空间的限制为用户创造价值，进而创造经济收入，一切结果都是自己应得的。我们自己做到的同时，还要去帮助更多的人同样做到，这才是真正成功的人生。

荷 莲

·Title 创业导师　·微博 舒荷莲

当你内心种下一颗种子，阳光和雨水就会适时来到。

受人以光，授人以光

我叫子慧，是"下班加油站"自我管理课认证讲师，"95后"喜马拉雅治愈系主播，Dialogue Academy HK 残障大使，IHEM 在校生。我喜欢与心灵、阅读以及和声音有关的一切。迄今为止，我已经坚持早起 15 年，并在 2019 年 6 月获得"又忙又美"大赛月度第一名。

或许有人会感到疑惑：才 21 岁的我是怎么做到坚持 15 年早起的？其实这跟我的家庭有关。我的父母都是教育工作者，作息很有规律，而且小时候家教也较严，所以从上小学开始父母便开始刻意培养我的早起习惯。

不知道大家注意到了吗？当晴天日复一日出现的时候，人们总是很容易忽略阳光。生命的阳光也是如此，经历过瑕疵的心往往更能留意到也更渴望阳光，就像越寒冷的人越能感知温暖一样。我想分享一下我的亲身经历，希望能带给大家一点收获。

2018 年 9 月，当我即将步入大四的学习生活但却被告知，以目前的政策条件我无法成为一名老师。作为一名师范生，这是我从小的梦想。梦想破碎后，我被焦虑迷茫和自我否定的痛苦困扰着，处于被现实打击后的低谷中。

从学校请假回家静养期间，一次偶然的机会，我浏览到了一门精力管理课的发刊词，被授课老师的亲身经历所撼动，尤其是她所讲述的抗击甲状腺结节并痊愈的那一段经历，对我来说，感同身受。

于是，我立刻加入课程社群开始学习，而在得知还有线下课时，我也毫不犹豫地报了名。

当时，我对洪明基老师的"六力理论"还一无所知，更不知道我所经历的就是阳光力。但是，在老师和小伙伴们的帮助下，尤其是加入平台之后，我清晰地见证了自己的变化：解开心结，对于自身残障，接纳并感恩，是它让我的人生更有味道；找到了人生蓝图，不再迷茫；格局提升，从只关心身边重视的人到发自内心去利他，影响和引领更多人变得更好；点亮了演讲技能，从腿软到千人演讲自如，用声音影响更多人；青创内训、内部读书会和践行"学习五环法"，在不断实践中从自我否定变得自信，素质全面提升，从求职屡遭拒绝，到被境外公司录用，收到录取通知书，开启新篇章，在残障人士多元道路的探索中又前进了一步。

在阳光力这条路上，我是喜悦的，尤其是传递阳光力的时候。2019 年年初，我在母校办了四场班级巡回演讲，就怎样找到目标有规划地过好大学生活跟同学们进行了分享。看着师弟师妹们在解惑后，从迷茫变得斗志昂扬，我为他们的变化而开心。

在加入青创客之后我发现，自己居然可以给别人带来这么多帮助，帮助别人找到目标，帮助别人重新认识自己和现实后找回自信，帮助别人找到定位打造个人品牌展现自己，帮助别人进行情感问题大扫除，等等。

随着帮助的人越来越多，我发现，只要有寻求帮助、渴望改变这个动作的人，其实心中都藏着阳光的种子，只是这颗种子往往需要被另一束光激发出来，当这颗种子拥有力量之后，它的所有者也会成为一束光，照亮和温暖身边的人。这就是阳光力的魅力所在，也是我们的追求。

我的人生蓝图也得到了迭代升级。我将始终致力于，用专业知识和能力为外表或心理存在残障问题的孩子及其家人，解决想要融入环境却频频受挫、想变得自信却经常失败的问题，同时为他们提供高情商体系、心灵疗愈、温暖陪伴的方法。另外，我还将致力于帮助想要改变现状的年轻人，解决他们想要变得更好却总被自己的行为和思维惰性牵制，从而经常无法实现目标或制定不出合理目标的问题，提供财富金三角和自我管理的办法。

奋斗路上，子慧愿做你温暖的陪跑者。

 子 慧
· Title "95 后"喜马拉雅治愈系主播　·微博 解子慧

阳光力两个重要表现维度是正能量和正能量化。一个是自身拥有的，一个是传递给别人的。

努力才会遇见最好的自己

我叫晓婧，曾经差一分错过了北京体育大学，最终选择了另一所学校的英语专业。在校期间，我努力学习的同时，还当上了学生会副主席，获得了"优秀毕业生"以及"光荣入党"等荣誉，而且我也从来没放弃过喜欢的运动。我一直是我们学校200米纪录的保持者，我所在的团队还曾获得了4×100米接力和4×400米接力第一名等团体荣誉，我还曾带领整个英语系拿下过运动会总成绩第一的好成绩。

大二时，我报名参加了瑜伽教练的培训。毕业后，我成为了一名瑜伽私人教练，而且在2017年创立了属于自己的婧爱瑜伽文化传播有限公司。

这就是我，一个"90后"金牛座，爱学习、爱运动、爱折腾的阳光女孩。

之所以选择瑜伽作为职业，是因为热爱。从小学到大学我一直奔跑在田径场上。大学时开始学习瑜伽，这种运动让我感受到了身心的放松，同时也让我感受到身材和气质的改变。看到自己越来越健康的身体、越来越美的喜悦的脸庞，我收获的是满满的开心和感动。好的老师是灯塔，会为你指引方向，让你不再迷失。

毕业后的我一直没有停止学习，我是幸运的，因为我遇到了几位在我人生路上影响特别大的老师。他们教会了我如何更好地生活，如何在职业生涯中走得更加专业，如何去管理自己的时间精力和效率。

我希望自己能变得更优秀，让自己成为太阳，温暖和照亮更多的人。于是，我开始寻找全国最好的培训老师。可是这个过程却不尽如人意，虽然我参加了许多课程，在学习的过程中也觉得老师讲得很有道理，但是等课程结束后，却很难把学到的知识落地。这样的情况持续了好几年，我一直在投入却始终回报甚微。

一个偶然的机会，我在喜马拉雅上听到了"单点突破法"和"学习五环法"，这时候我才恍然大悟，原来自己的学习少了实践这一环。学习完课程之后我开始记行动笔记，然后开始严格按照行动笔记来认真执行，遇到困难也会进行反思总结。在这个过程中，我才真正理解什么是创业。2019年7月，我获得了北京市朝阳区创新创业赛前10名。

从成为瑜伽老师，截至目前我已经帮助至少150个人通过练瑜伽而改变了身材，收获了健康和美丽。

有一位产后妈妈给我的印象非常深刻。聊了几句之后，我就发现她的情绪有点消沉，不一会儿还哭了起来。她告诉我说，生完宝宝之后自己的身体一直不太好，吃了很多药也不见效，身体的不舒服导致她整个人的精神状态都萎靡了起来，对自己似乎已经失去了信心。她的孩子还小，还需要她的照顾，但她却力不从心，不知道该怎么办才好。我安抚了一下她的情绪，然后建议她学习一些产后恢复的瑜伽课程。经过一段时间的坚持练习，她整个人的状态终于慢慢好了起来，自信的笑容再次出现在她的脸上。

还有一个产后妈妈，她生完宝宝后主要的变化是身材，生产之后的腹部还像怀孕七八个月一样，这让她十分苦恼。当练习了十节课之后，她的身材变化特别大，这让她增加了恢复身材的信心，家人也十分支持她。在开始练习瑜伽之前，每天面对自己臃肿的身材她都会愁眉苦脸，自从通过练习瑜伽身材慢慢开始恢复之后，她的脸上终于拨云见日了。

每当看到学员的变化，我都为她们的改变而感到开心。我将始终致力于为女性解决备孕、孕期科学合理运动以及产后身材恢复的这一领域，提供科学系统的有效运动方式以及陪伴。我的使命是，通过努力助力1亿中国女性拥有健康美丽的体态，我希望通过我的帮助大家都可以越来越自信、越来越美丽。

为帮助到更多的人，我组建了分享社群，每次在课程，都会和大家在群内分享我的收获，以帮助更多的小伙伴。如今的我，已经从原来学校里的那个热爱运动的女孩，变成了现在以运动为职业的创业女性，但没有改变的是我生活中的阳光和活力。

在学习了洪明基老师的"六力理论"之后，我对其中的阳光力有了更深层的理解。我认为，要想获得阳光力，首先要具备太阳一样的品德和性格：积极、阳光、正向、自信、有担当。我一直践行在这条路上，希望可以让自己充满阳光的同时，将这种温暖和这种力量传递给更多需要帮助的人。

每个人都值得遇见最好的自己。

晓　婧
·Title 北京婧爱瑜伽创始人　·微博 晓婧瑜伽

要想获得阳光力，就要具备太阳一样的品德和性格：积极、阳光、正向、自信、有担当。

把自己活成太阳，
才能给别人带来温暖

过去很多人都叫我打不死的小强，还有人叫我正能量女神。于我而言，我是一个永远在与命运抗衡的人，但又希望自己能活得像太阳一样，永远光明灿烂，笑对人生。

我叫珺雅，出生在农村家庭里，14岁离家去外地读书，16岁开始半工半读，从此便没有再花过父母的钱。19岁，我独自从东北来到福建。在这里的第一家公司，我因为刚入职而被老员工欺负，但我没有因此退缩，而是用更努力的工作来为自己争取机会。3个月之后，我成为这家公司的主管。后来，我又跳槽到一家更大的企业，是一家国内比较高端的美容企业，旗下有几十家美容连锁会所、5家整形医院，另外还有专属的有机农场、教育基地以及美容培训学校。通过努力，我成为这家企业商学院的讲师，参加一些学员的培训工作。此外，我还主持一些企业的各种会务培训、客户沙龙会、其他连锁企业的终端会，以及高端明星客户终端会，并曾荣获公司金牌主持人的荣誉。

"年轻的时候，你没有什么输不起的，怎么输，你都是赚的，你一无所有，世界会给你所有。"这是《时尚芭莎》总编辑苏芒女士所著的《为热爱而活》一书中的一句话。的确，我们每个人能够到这个世界本身就已经赚到，人生中的选择没有对错，只有得失。以平常心去看待得失，你才不会被太多的烦恼所束缚。在洪明基老师的"六力理论"中，让我感受最深的就是阳光力。我所理解的阳光力就是，人生无论身处何境都能积极乐观地面对，勇敢地往前走，把自己活成一道光，点亮自己，照耀他人，这样自己也会获得更多来自他人的温暖和世界的庇佑。

打不死的小强面对生活的种种打磨，也会有心力交瘁的时候。成为全职宝妈后所面临的辛劳和焦虑，相信每位母亲都曾深有体会。为了抚养孩子不得不暂时放弃工作的我，不想被变化迅猛发展的社会所淘汰，所以每天我都会利用孩子睡觉的时间学习。就在这时候，我在樊登读书会读到了《人生效率手册》这本书。我一直很喜欢研究企业家实录，对作者这种年轻的女企业家更是由衷地敬佩与好奇，于是便开始走进她的世界。几个月的时间看完了她所有的书，上完了她所有的课程，从此，我的认知系统开始不断被迭代。

我的生活也因此发生了巨大的改变，更多的是思维与格局的改变。从一个懒癌患者，变成了一个自律的实践者，每天早起、阅读、写作、运动，开始重新规划自己的人生。

加入平台之后我渐渐懂得了，看任何事物都不要只停留于表象，而是要去探究其本质，有宏观的视角，也有落地的分析。你想成为谁，就去靠近谁。每天与众多优秀的青年创业者共同学习成长，我的进步一直在加速。

在我看来，全职妈妈是这个世界上最不容易的职业。她们身兼数职，每天 24 小时轮转，全年无休，既要照顾孩子，也要照顾家庭。她们没有收入，没有假期，没有自己的时间，更不能奢望拥有自己想要的事业。而且更难的是，就算如此辛苦，却常常不被理解和认同，留下的只是满身的疾病和满脸的皱纹。大多数丧偶式婚姻里，有多少妈妈不是在这样艰难地硬撑呢？可是，这些全职妈妈，她们原本也是一朵朵艳丽绽放的花朵，她们有自己的工作和爱好，她们原本也很优秀，也有自己的理想。可是，当她们为了孩子、为了家庭，承担起更多的责任、付出了更多辛劳时，又有多少人能真正理解她们、看重她们呢？

在我做全职妈妈的几年里，我从既幸福又无助的状态，慢慢变得疲惫和无奈，再后来，面对日益衰老的容颜、越来越焦虑的心态，以及已经快要被现实碾压得什么都不剩的理想的时候，我开始承受巨大的压力。虽说女本柔弱，为母则刚，但是这其中有多少心酸苦痛能被人理解呢？每天我总是一个人带着孩子穿梭在公园、早教等场所，每次孩子生病都是我一个人在医院跑上跑下，自己生病了也要咬牙一个人做好所有事。可是再多的辛苦都不被理解，永远都是自己在孤独前行，我真的感到好累好无助，每天焦虑到流泪，睡不着觉，甚至怀疑人生。

这时候，给了我最大支撑的是，我还没有完全放弃学习和读书。也正是因为这个习惯，让我有机会认识了萌姐。我感叹于她的优秀和温暖，她用她走过 40 国的眼界、从 0 到 1 的创业经验、独到的商业眼光、出版 10 本书的文化底蕴、超高效的实践心得、高情商变现思维，以及与全球各个领域专家交流的智慧，帮助我打开了世界的另一扇窗。她让我看到自己更多的可能性，原来想都不敢想的事，现在敢想了，原来不敢做的事，现在敢做了。

学习了她的课程之后，我每天都在不断进步，或许我现在还不是那个最有能力的人，但我却愿意把我的所学分享给更多像我一样曾经遭遇困惑的人，尤其是那些像曾经的我一样依然在"苦海"中挣扎的全职妈妈们，我愿意尽我所能地帮助和陪伴她们成长和成功。加入平台之后，我看到一种可能：每天进步一点点，就可以活出不一样的人生。

上帝为你关上一扇门，就会为你开启一扇窗。如今的我，摆脱了焦虑和忧愁，变得积极乐观，每天都会带着目标前进，每天都对未来拥有期待，每天都会和优秀的青创客一起学习成长和进步，每天都在为自己的幸福人生储值。

现在，我已经拥有了自己的个人品牌，拥有了自己研发的亲子教育课程，拥有了支持我的粉丝朋友，也拥有了掌握自己人生的能力。接下来，我期望能够拥有自己的公司，出版自己的畅销书，带着孩子环游世界。

对于一生而言，今天是你余生最年轻的一天，无论你现在年龄多大，都要努力让自己变得更好，相信自己，未来可期。学会积极，拥有阳光力，你也可以把自己活成一道光，并照亮更多的人。

珺　雅
·Title 亲子自律成长陪伴者　·微博 **解珺雅**

每天进步一点点，就可以活出不一样的人生。

予人玫瑰，手留余香

我叫范卓阳，一个来自北京的"80后"，现在在一家互联网教育公司做财务工作。刚入职场的时候，我也曾有过一段迷茫期。那时候，工作相对稳定，工作内容也并不复杂，单位也没有让人头疼的复杂人际关系，所以我的工作是在风平浪静中度过的。工作3年之后，身边的很多朋友不是已经升职加薪，就是已经提升了学历，只有我还在原地踏步，跟刚毕业的时候没什么区别。

一个偶然的机会，跟一个企业的人力资源部总监聊了聊，之后我才发现，原来我在同龄人中已经失去了竞争力。因为在这3年中，别人已经在职业技能和学历上都得到了提升，而我却一直在重复第一年做的事情，本质上，我只有一年的经验。意识到这一点之后，我开始有些恐慌，我不禁在想：如果有一天，我从这个环境中走出去，还能做什么样的工作呢？如果我没到退休年龄就被辞退了，很可能领不到退休金，也会失去经济来源，如果那时候孩子还在上学，自己身体又不好，应该怎么办？我无法想象那一天的到来，于是我做出了一个选择，我要离开！

在辗转跳槽期间，我遭遇了人生的一段黑暗时期。那时候，四处碰壁，人际关系很糟糕，快节奏的工作跟不上……就这样，我在社会上摸索、摔打，历练了又一个 3 年。终于，在一位贵人的帮助下进入了审计领域之后，我的职业生涯才出现了一缕曙光。经过几个项目的学习和历练，我从小助理开始慢慢晋升。在这个过程中，我接触了很多成功的企业家，在访谈中学习了很多他们的思维，看到了他们看问题的深度和角度，并了解了他们做事业的初衷和发展进程，我因此开阔了眼界，并认清了自我发展的前景，同时也提升了知识结构和认知层面。

在跟现在的互联网企业中的年轻人沟通的时候我发现，有很多初入职场或者步入职场几年后想要更换赛道的小伙伴，都曾面对跟我一样的迷茫和困惑：遭遇各种考验、挫折时不知如何化解，遇到瓶颈期不知未来该如何发展。这让平时就喜欢帮助别人的我不禁开始思考，我能够为他们做点什么呢？

刚开始的时候，因为我的经验不足，除了具体问题具体解决外，找不到能够系统地帮助他们的切实有效的方法。为此，我开始大量看书、听课，获取知识，输出倒逼输入。一切都是最好的安排，就在这个时候，我在樊登读书会的一期栏目里听到了关于《人生效率手册》的作者采访，这个年轻漂亮女孩的一番作答，让我醍醐灌顶，她所说的不正是我一直在苦苦寻找的方法论吗？于是，我买来这本书开始认真研读。在这本书中，我不仅获取到了想要掌握的方法论，更看到了这个女孩的能量。我觉得她是一个能够给我一些指引和帮助的人，值得我去学习。我想更多地了解她，于是便去搜索了她的简介和微博，并且听了她在喜马拉雅上的课程——"时间管理50课"。

由于日常工作紧张忙碌，所以总觉得时间不够用，久而久之，在精神压力下，拖延症便产生了，什么事情都要拖到最后。比如说，早上9点上班，倒推时间8点起床就来得及，那我绝不会7点55分起床。但是在学习了"时间管理50课"之后，我知道了早起的意义，把早起的时间逐步从8点调整到现在的五点半。我开始利用早上的时间修炼硬本领，提升职场技能。在这个过程中，我学会了单点突破法，设定了目标，规划好了时间，并开始总结复盘，工作因此变得井然有序，再也不会因为忙乱而把自己搞得筋疲力尽。

我从打造自己开始，进而发展到开始去影响身边的朋友。我告诉他们，早起有很多意义：第一，时间可控；第二，因为没有人打扰，所以这是完全属于自己的时间，利用价值很高。而从我的践行中，他们也切实看到了我的改变，因此有很多小伙伴开始意识到，总觉得时间不够用，忙忙碌碌总不见成效，原来是因为不会利用和规划时间。如今，身边已经有很多朋友采纳了我的建议开始早起，我们的早起打卡社群也已经建立起来。看到每天有几十个小伙伴跟我一起早起打卡，一起使用《赢效率手册》和《总结笔记》，一起实现了高效的人生，我从心底里感到高兴。

2019 年 5 月，我参加了"财富高效能"线下课，了解了"人生蓝图"，之后我才明白，原来，人生真的是需要规划的。一个人所处的状态，都是自己曾经规划的结果，目标很重要，人生蓝图更重要。8 月，在学习了"财富高情商领导力"的课程之后，我的思维再一次迭代升级，立志要做塑造青年一生的职业规划引导教练，帮助更多青年解决职场焦虑，缓解的职场压力，破除职场瓶颈，构建人生蓝图，找到发展方向。而青创客计划的意义与我的人生蓝图不谋而合，因此，在帮我报名线下课的张婷老师的鼓励下，我很快便加入了这个团队。

进入团队的当天，我受到所有小伙伴的热烈欢迎，我感觉到了她们身上的那种热情、积极和阳光的正能量。正所谓，近朱者赤，有了这样一群正能量、高势能的同行者，我怎么能不进步呢? 加入团队以后，我比以前更加自律，每天都是精力满满，效率也开始不断升级。我的人生蓝图也更加清晰，左手能力，右手模式，开始按照新的思路去实现我的目标。

让我意外的是，潜移默化中，随着我的思维迭代，行为升级，周围的同事、同学、朋友以及家人似乎都接收到了我的这股正能量。慢慢地，听到的抱怨少了，接收的负能量少了，似乎大家都变得阳光、积极了起来，相互之间的人际关系似乎也变好了。而且，在我的影响下，大家也都更愿意谈理想、聊方法、多看书，并开始寻找自己的人生蓝图。

好友婧是某国有制造企业的员工，像曾经的我一样，在她看似稳定的生活中，隐藏着潜在的危机。在这家企业工作多年，位居中层的她收入可观，唯一的遗憾就是再也没有升职的空间和发展的前景了，几乎能看到 30 年后退休时的状态。从小就积极上进的她一直不满现状，却又不知该如何突破。我利用学到的知识和思维方式，并结合自己过去的经历以及感受到的危机，鼓励她要去选择自己想要的人生。我告诉她，首先要打破固有思维模式，有勇气跳出习惯的舒适圈。2019 年 7 月，她正式从原单位离职，然后进入了一家上市公司，开启了她的职业新旅程。眼界变得开阔起来之后，她开始意识到原来的自己是多么地见识短浅。想要突破改变，就要改变原来的思维方式，学会更加灵活运用利他原则与人交往，建立生态社交。

经过几个月的交流和总结，她的认知有了提升，也有了新的动态，找到了自己的人生目标——做一名 FA（融资顾问）。但是，她苦于经验不够丰富，于是便想从其他方面入手，在寻找途径的过程中，思维又进行了一次迭代。最近她又准备用利他思维，从三方共赢的角度进行资源整合。半年的跟踪，几乎每日沟通，看着她的思维模式一点一点地迭代，对未来也有了新的发展目标和新的规划，我觉得再累都是值得的。而且，因为这件事，我的使命感和价值感也随之提升，我想要帮助更多的，像曾经的她、曾经的我一样迷茫的职场青年，拨开迷雾，打开固有思维，让职场中的不可能变为可能，过高效的人生，不再走弯路！

2019年青年大会上，我听到了洪明基老师分享的"六力理论"，其中的阳光力深深触动了我，因为这与我的人生规划不谋而合。我理解的阳光力，就是要有足够的能量，在自我鞭策、自我鼓励、自我迭代的同时，可以通过正能量化影响他人。在帮助小伙伴规划人生蓝图的时候，我也梳理出了人生蓝图，在教授他们知识点拆解问题的同时，我也检验并巩固了自己对知识点的掌握。

老子说："天地所以能长且久者，以其不自生故能长生。"如果能让周围人因为我的帮助而拥有新的思维模式，认清自己的蓝图，对未来有新的规划，那我的付出就是有价值的。加入团队之后，我的思维发生了改变，思维变了，世界就变了，曾经的小我，变成了大我，有了更高度的使命感，要用利他之心，帮助别人实现他们的理想，进而支撑自己的梦想。愿天下的青年不再迷茫于职场，我愿用自己的一点能量，照亮你们前行的方向！

 卓 阳
·Title **青年职场陪伴者** ·微博 **卓阳_欧尼**

思维迭代，行为升级，人生就会充满正能量。

活成一道光，照亮前路

　　谁的人生不曾迷茫？站在三十而立这一重要的人生节点上，我也曾深陷迷茫之中不能自拔。但幸运的是，在这个人生的关键时刻，我遇到了一位人生导师，如同拨云见日般让我看清了未来的路，过上了与之前 30 年截然不同的人生。

　　有人说，要把自己活成一道光，照亮前路与别人。我非常认同这句话。但是如何把自己活成一道光，一直是我在拷问自己的问题。

　　2018 年 5 月，偶然从同事那里借到了一本《人生效率手册》的书。当时的我，正陷入工作的巨大瓶颈期之中，抬头几乎就是天花板。这本书的出现，让我学会了该怎么建立人生目标，建立目标后又该怎样一步步去实现。

　　那段时间，我每天都像开启了加速键，坚持早起，而且带动了家人跟我一样坚持早起，我们一家人经常会在晨光中一同享用营养早餐。因为早起，我也结识了一群爱早起的小伙伴，我们每天会一起到群里打卡，互相鼓励，互相监督；也因为早起，我有了更多的、高质量的可控时间投入我的英语学习中。同时，我还利用早起的时间看了很多原来买来但却从来没看的书，也学了很多以前囤积的课程。我渐渐地发现，"迷茫"二字已经被我抛在了脑后。这时候我才感到，自己竟然浪费了那么多的时光。

学习课程，加入平台之后，利他精神是我最大的收获之一。我看到了萌姐帮助无数小伙伴改变了人生的故事，看到了白杨师姐身上因为帮助其他人写作自己收获褒扬的故事，看到了艾宏组长不断输出职场干货帮助他人成长而受到大家拥戴的故事……这样的故事在我们的平台还有很多。这些故事无不让我深有感触，同时也激励着我向他们学习。

2018年6月，我参加新书加速的读书会，牢牢记住了：学会的最高标准是会教。所以在追求自己成长的同时，我申请当了小组长。之后，我获得了很多成长。一方面，自己人生第一次写了几万字的书评，还拿到了第三名，获得了一堂399元的线上课；另一方面，还带着十几位组员，共同完成了励志币计划，使得大部分同学都成功拿回了学费。

2019年3月的线下"财富高效能"的学习，让我的人生又向前跨出了一大步。我不仅找到了人生的方向，也找到了落地的项目，拉到了人生的第一笔投资——10万元。就这样，别人投资了我的梦想，帮助我开启了青创客合伙人的加速人生。

思维变了，整个世界都变了。

上完线下课程不久，我与一位海归并创业多年的形象设计师朋友深聊过一次，认识这么多年，她说第一次觉得我整个人都变了，思维方式变得和她惊人一致。后来，她极力邀请我成为她的工作室合伙人，这是我以前想都不敢想的事情。当我拥有了时间效率精力管理能力之后，再加上外在形象管理能力，我自己彻底走上了一条蜕变的道路。

不知道从什么时候开始，公司的同事看到我都会对我说："我看到你天天英语打卡，怎么这么用功，我也要多多努力才行。"或者会说，"又在抖音刷到你了，天天坚持分享，要继续加油。"还有很久之前认识的创业朋友，也会发来"加油"两个字，这些都让我倍感暖心。

查理·芒格说："凡事往简单处想，往认真处行。"我觉得自己还需要砥砺前行，希望有一天也可以成为更多人心中的那道光。

落花点点
· Title 少儿英语老师 · 微博 落花点点 Lydia

要想影响他人，先要做好自己。

坚信坚持的力量

据说，在我国最东边生长着一种竹子，叫作"毛竹"。这种竹子的生长周期非常特殊，4 年时间只会长到 3 厘米，但是从第五年春天开始，却以每天 30 厘米的速度"疯长"，6 周就能长到 15 米。原来，在之前的 4 年里，它一直在吸收养分、积蓄力量，它的根已经在地下蔓延了数百平方米。

我叫张乐，我就是那根倔强的竹子，用了 12 年时间来扎根。我没有上过大学，所以曾一度因为学历低而感到自卑，觉得自己无论是学识、眼界、思维，还是格局都与别人相差太远。在这 12 年里，我遭遇过很多挫折和打击。在最初的几段从业经历中，我经常被同事欺负，被客户辱骂。有时候，没钱吃饭就只喝水，没地方睡就睡火车站，生病了没钱买药去医院只能硬撑着，迷茫痛苦的时候只能一个人默默流泪，心里的苦不知道跟谁去倾诉。

但是，这一切的苦难并没有打垮我，反而给我的人生奠定了坚实的基础。它让我学会了坚强，学会了换位思考，懂得了珍惜和感恩。更重要的是，它告诉我，没有什么困难是不可战胜的，一定要坚信坚持的力量。其实在没有成果的时候并不代表没有成长，很可能是我们在扎根，等到时机成熟，就会登上别人遥不可及的巅峰。

2018 年我开始创业，一年之后公司的发展出现了问题，这让我压力倍增，有一段时间甚至到达了崩溃的边缘。那时候我忽然意识到，想要实现梦想，不仅需要为自己的梦想插上一对翅膀，更需要具备能够在腥风血雨中厮杀的能量。这时候，在朋友的介绍下，我阅读了《精力管理手册》这本书，开始试着用书上的方法调整自己的时间。一段时间之后，每天的工作精力有了很大的提升。之后，我又读了《从受欢迎到被需要》，我发现这是一本可以带我走出困境的书。接着我又学习了"财富高情商领导力"的相关课程，这一次我的思维被整个颠覆，我学会了链接人脉，开始多方寻求合作。

从图书和课程中一次次得到能量，更坚定了自己的学习之路。接着我又学习了"财富高效能"的课程，再一次颠覆了旧有思维。在工作、创业和成长的过程中，大多数人都觉得自己应该努力建造知识的上层建筑，储备各种人脉链接和营销方法，但实际上，大家最缺也最没有意识到的是日常基础建设。很多时候结果不如所愿，根本原因就是没有做好时间管理，即拖延、效率不高以及没有清晰的目标定位。学习了课程后，我根据课上所学，通过"7个人物法"，找到自己的目标和要修炼的硬本领。我开始每天4点起床，践行印刻行为（指从意识到行为中间那个让你不得不做的事），再配合《赢效率手册》和《总结笔记》，不断提升自己的效率，使自己再一次获得了很大改变。人经历过绝望才会更快成长，大起大落之后，才会更加坚强，更加努力和珍惜所有。

因为自己的改变，身边的朋友也同时被影响，这时候，我觉得自己像极了会播撒阳光的太阳。被我的"阳光"温暖过后改变最大的是我的妹妹。我的妹妹是个普通的上班族，上班工作，下班娱乐，周末休闲。以前，我用了6年时间都没能让她读一本完整的书，但是被我影响之后，她主动提出了要向我看齐，坚持做到了早起、运动和读书。看着妹妹的改变，我内心无比激动和喜悦。

受我影响的还有很多人，我的朋友小鹿也是其中之一。在我眼里，小鹿一直是一个文静中透着好强的女孩子，每次和她聊天都能让我学会很多东西。不过，小鹿始终觉得自己还不够优秀，这让她找不到自信。通过我的影响，小鹿开始慢慢找回了自信，她开始关注自己的优点，发挥自己的特长，打磨自己的本领，打造个人品牌。

其实很多事情都是有方法、有规律的，只要我们找到对的方法做事，每个人都可以变得很优秀，每个人都可以成就自己。

曾经亲身穿过暴风雨的人，自然更能体会走在暴风雨中的艰辛。所以，在面对同样遭受着挫折甚至是苦难的年轻人的时候，我可以切身体会他们的艰辛和不易，我也愿意给予他们力所能及的指点和帮助，因为我知道，这或许是他们改变人生的点睛之笔。

现在的我，站在平台上，再次打开了视野、扩大了格局。每个人都愿意和比自己优秀的人在一起，但要和优秀的人在一起，就得具备与之匹配的才华和能力，而学习就是最好的方法。未来，我要持续不断地学习，通过平台，不断提升自己的眼界和格局，帮助更多人，让自己的人生不断创造价值。

张 乐
·Title 人生蓝图规划导师 ·微博 乐姐职场说

帮助的人越多，自我的价值越大。

格局力

有句话说，穷人的思维是"我能做什么"，而富人的思维则是"我想达到什么样的目标"。"能做"是你现在所具备的能力，如果你永远只考虑做自己能力范围之内的事，也就永远无法突破自己；而"我想达到"首先就突破了自己的能力思维局限。目标高远了，做事的格局必然不同，成功的可能性也会不同。你的格局力，才是决定你命运的关键所在。

成为一束光，
去照亮别人

　　我叫王霞，是一名三甲医院营养科的医师，也是青创客家族的一名导师。在外人看来，医师是份令人艳羡的工作，但之前在我看来，这份工作除了帮我养家糊口之外，没能让我发挥出任何自身的能量和价值，而且忙碌枯燥的生活还让我越来越迷茫和焦虑。

　　出于一次偶然的机会，我在互联网上接触到萌姐的课程。在听了几次课后，我产生了一种豁然开朗的感觉：如此迷茫和焦虑的我，不正是因为太关注自己狭小空间内的这片天空了吗？见识过于局限，思维不够开阔，所以才会烦恼。

　　为彻底摆脱这种状况，我决定继续学习课程，而接下来的课程也更加让我震撼，那些叩击心灵的话语，仿佛正是为我而写。从那以后，我一改过去浑浑噩噩的生活态度，每天完成本职工作后，都抽出一切可以利用的时间听课、学习，做笔记……身边的人见我如此"疯狂",都认为我被"洗脑"了,只有我自己清楚,自己在干什么、自己的内心又发生了哪些奇妙而巨大的变化。

通过几年的努力,我内心的丰富程度与之前已判若两人,其中最大的收获就是思维与格局的改变。有句老话说得好:"山坡上开满了鲜花,但在牛羊眼中,那只是饲料。"开阔的眼界,需要开阔的思维去引导,所以,我开始学着站在未来的角度俯视现在。同时我也体会到:要成为更好的自己,就要不断提升自身格局,具有奉献和利他精神,不再时刻只想着"利己"。

在学习和提升期间,由于表现出色,我有幸成为青创客的一名导师,开始通过教学分享去影响更多的人,让更多的伙伴获得了成长、进步。

我身边就有这样一位伙伴,通过我的指导实现了从0到1的蜕变。她原来是一名高校医院的护士长,因为工作关系与我相识。通过接触,我发现她一直不甘心于做一名护士,很想挑战自己,做一番事业,但由于种种原因,始终迈不出这一步。

2016年,我正在学习平台的线上课程,同时也参加了线下品牌课程的培训,感受到了课程的精彩和外面世界的广阔,于是邀请她与我一起并肩努力。但她只是附和着,没有采取任何行动。

直到一年后的某个下午,我又在校医院遇到她,她正面无表情地给物品消着毒。出于一种责任、一种使命，我与她进行了一次深谈，而我在这一年发生的变化也让她十分感慨。最终她决定：先听几次课试试。这个决定，直接改变了她的后半生。

通过一段时间的系统学习及我的指导，她的眼界、心态都在一点点转变。为了让她获得更大的进步，我鼓励她报名参加师徒研习班，但对于从来没有为知识付过费的她而言，昂贵的学费让她犹豫了。我不想因为金钱关系让她失去这么好的成长机会，于是在她不能第一时间支付学费的情况下，帮她垫付了学费。

很快，她的表现就证明了我的眼光和她的能力。在学习过程中，她不断给我反馈，告诉我她的学习情况和心理变化。比如说，她以前总感觉时间一大把，怎么浪费都不为过；现在却总感觉时间不够用，要学习的东西太多太多！以前缺乏自律，现在每天按时早起打卡学习。更重要的一点是：以前浑浑噩噩混日子的她，现在通过学习产生了许多新的想法，甚至有了以前从不敢想的梦想。她的这种身心蜕变，以及眼界与格局的提升，让我无比幸福与骄傲，比看到我自己的变化都开心！

在坚持学习一年后，2019 年 5 月，她开始尝试帮别人体控。在第一次收到学员费用时，她马上打电话向我汇报，通过电话我就能感受到她的兴奋与激动。虽然刚开始的时候有些手忙脚乱，但经过成长和历练之后，如今的她已经越做越专业、越做越成功，真正实现了自己的人生价值。

　　人生的格局，是由"格"和"局"共同组成的，"格"是人格，"局"是胸怀。具有高尚的人格，可以让我们赢得他人的认可；具有广阔的胸怀，可以让我们去助力他人。只有人格与胸怀兼备的人，才能不断突破人生上限，成为人生赢家。而我，愿意做一个这样的人，像一束光一样，去照亮更多需要帮助的人的人生之路。

王　霞
·Title **营养医师**　·微博 **王霞－般若**

开阔的眼界，需要开阔的思维去引导。学习、实践、利他，可提升自身的格局力。

以利他作为创业之本

我是张瑶小兄弟，也是一名自由职业者，但对我来说更重要的一个身份是——青创客。

严格来说，我还称不上是创业者。对"创业"的定义，我仍在一路不断寻找……很幸运，在创业过程中，我也遇到了人生中非常重要的贵人。2018年11月17日，我在某平台上听到了一个名为"财富高情商领导力与社会资本"的课程。课程的主讲人是一位名叫张萌的女士，她在课程中非常清晰地告诉我们："创"就是从0到1，开天辟地，或在原有事业的基础上有所升级；"业"就是事业，既然是事业，就必须是自己内心真正所热爱，即使遇到再大困难也不能轻易放弃的事情。

但是，创业并非一拍脑袋就能做成，它需要一套非常完善的理论体系作为支撑，更需要缜密的逻辑思维作为基础，而所有理论逻辑的核心就是两个字——利他。

我一下便被这种利他精神感动了，于是在刚刚经历创业失败、人生最迷茫、最低落、最抑郁的那段时间，我果断抓住这根救命稻草，于 2018 年 11 月成为广州第一位青创客！

然而，在我雄心勃勃地开始创建新的事业期间，却遭遇了前所未有的挑战。学完"财富高情商领导力和社会资本"这门课程后，我的思维得到了快速升级，我的认知也开始极度扩张，这让我瞬间膨胀起来，内心似乎有一种无所不能的力量在推着我去快速发展自己的事业。所以，我迅速组建了一个近百人的社群，开始每天坚持在固定时间为大家分享我学到的 30 种思维模型的内容。现在回想起来，当时分享的场景仍然历历在目。为了能做到利他，为了能信守承诺，我常常提前两个小时到达分享现场，有时甚至临时把车停在路边就开始分享，风里来雨里去，从未间断。我当时甚至被自己的这种利他精神感动得一塌糊涂。

但很快，我就被现实打脸了。课程分享完后，我发现自己没有其他新内容可以继续与大家分享了，曾经"辉煌"一时的分享课无疾而终。一个月后，社群中的小伙伴慢慢减少了互动，曾经每天按时打卡学习的活跃度也降低了，社群的热度慢慢冷却了下来。

激进过后的冷静让我开始沉思：为什么会遭遇这样的瓶颈？思索之后我发现，原因在于我太关注眼前，却缺乏长远的创业规划和职业格局。创业本就不能一蹴而就，需要雄心，更需要耐心。眼前的激情不等于永远的澎湃，如果不能以发展的眼光去看待事业，面临的必将是失败，而这正是洪明基老师跟我们分享"六力理论"时所特别强调的"格局力"的问题。而我，只看到眼下自己所拥有的资源，却没想过一旦这些资源用完之后，又该如何继续维系社群。

同时我还意识到，我将课程中的利他精神理解得太片面了。利他不仅在于我要主动去帮助别人，还在于别人需要帮助又恰巧发出想要被帮助的需求，而我又刚好专业，这样的互动才是真正的利他，才能更好地发挥效用。

经过一个月的反思和修整，我再次出发。这时的我，已从原来的刻意利他者成为一个倾听者、提问者，开始与需要帮助的伙伴进行一对一的私聊、一对一的帮扶。在两个月当中，我帮助了50多位小伙伴搞清了他们的人生蓝图，帮他们找到了当下要登的第一个台阶。

当然，我也从未忘记自己作为一名青创客的使命。在与小伙伴们互动的过程中，我仍在继续学习，同时也始终在陪伴小伙伴们解决他们在课程当中遇到的知识难点，帮他们将单点突破法、学习五环法、复盘三步法等更好地运用在自己身上，拒绝假学习现象。

转眼间加入青创家族快一年了，这也是我飞速成长的一年。一路学习、一路思考，从认知打开、思维突破，再到实践落地、社群试错——成长看得见！虽然以前也曾多次创业，但我更愿意将这次创业当成是我的第一个起步台阶。我也将始终牢记创业初心，不断拓展思维，开阔视野，放大格局，将助力青年成长这件事死磕到底！

张瑶小兄弟
· Title 五点钟文化科技创始人　· 微博 张瑶小兄弟

盲从，是因为自我认知不清，思维局限，导致目光短浅。只有将目光放长远，才有"做得更大"的可能。

拓宽格局，
赢过昨日的自己

对于不同的人来说，人生总会有不同的决定性瞬间。在我的人生当中，接触萌姐就是这样的瞬间。在此之前，我是个在职场"混"了10年有余的日企员工，长久、枯燥的工作让人变得有些麻木。随后结婚生子，我的社交圈也渐渐变窄，每天过的几乎都是"家—公司"这样两点一线的生活。未来让人感觉前途无望，想要有所突破，却迷茫得没有方向。

在一次出差的路上，我边听书边百无聊赖地望着车窗外不断变换的影像，忽然听到了一个名叫张萌的"85后"女孩的故事。这个年纪比我还小的女孩，曾经为了心中的梦想毅然从名牌大学退学；为了达成"1000天小树林"的目标，不畏寒暑，坚持每天早晨5点起床，在户外练习英语口语三四个小时，并且整整坚持了3年……这种精神像一团火焰一样，迅速照亮了我空洞茫然的内心。从那天起，我的人生迎来了新的改变。

　　出差任务结束后，我果断加入青创客，开始系统地学习线上课程，阅读有关书籍：《人生效率手册》、"人生管理课"、《从受欢迎到被需要》及"财富高情商领导力"……这些课程和书籍，让我曾经混沌的内心渐渐明朗起来，我也开始重新审视从前的自己：为何做了 10 年的工作不再让我快乐，那不是我曾经梦寐以求的工作吗？为何朋友圈越来越窄，我曾经不也经常呼朋唤友吗？为何现在的状态越来越糟糕，看不到未来的方向，我曾经不也热血沸腾、激情澎湃，要活成自己理想的模样吗？

　　通过自我学习和导师的引导，尤其听了洪明基老师的"六力"讲座后，我渐渐悟出了自己的问题所在：不管是在工作还是生活中，我都太关注、太在意自己的得失了。说白了，就是在洪明基老师提到的格局力上差了很多。通过学习，我对格局力、对于人生的成长有了更深的理解。在我看来，格局就是人心所能容纳的空间，是对人对事的包容度、对知识的理解度，以及眼界的开阔度、心胸的宽广度。而一个人的格局也决定了他能拥有多少朋友、多大社交圈，未来具有多大的发展可能性。

　　此后经过与老师的多次探讨，我的格局也跟着发生了变化。

　　首先，在交际层面，我不再像原来那样，一直固守着自己的一亩三分地，而是尝试着走出去，参加校友会、读书会、学习会，结识新朋友，这也让我有机会见识到很多优秀的人，更具格局的人生观。

其次，在工作方面，我与同事的关系也因为思维的变化而渐渐融洽。说到这点，我很惭愧。此前在职场中，我经常会嫉妒那些比我优秀的同事，在需要配合的工作中常常故意不配合，导致与同事间的关系一直不是很融洽。而现在，我也渐渐认识到工作是用来修身的。当我试着放下自己那可恶的自尊，虚心向他人学习时，我发现不但自己的能力获得了提升，也让我获得了很融洽的同事关系。

最重要的一点是在思维层面。从前的我，虽然也是个学霸，但对于自己学习的内容总是遮遮掩掩，生怕别人知道，好像一旦说出来，知识就会被人偷走，自己就会被人超越一样。直到学习了利他思维，我的想法和行动在不知不觉间发生了转变。对于所学的知识，我不但不会故意掩饰，还很愿意拿出来跟大家一起分享、探讨，那种或欢声笑语、或激烈辩论的场景，每每想起来都会让我既感动又骄傲。我发现这是件非常棒的事，因为这个过程不但巩固了我所学的知识，还让我内心获得了极大的满足。

2019 年 1 月，我创建了一个名叫"新萌盟"的小社群，每天我都会在群里分享自己的学习内容、学习情况，鼓励大家一起每天早起打卡，清晨做好"萌姐每日 60 秒"练习……这里俨然就是一个互助互爱的小家庭，某位"家庭成员"在工作、生活上遇到困难，我和其他"家庭成员"都会积极给予帮助。

截至目前，我的步伐还很迟缓，还在为拓开更大的格局而努力。但已赢过昨日自己的我，愿意继续以人为师，追逐更高格局者的脚步。有句话说得好："你是谁并不重要，重要的是你和谁在一起。"而今与青创客在一起，我相信，未来的我也一定会赢过今天的我，成为更加出色、更具格局的我。

关 关

·Title 早起自然美修炼者　·微博 Claire 关－青创新

加入高品质的圈子，在与优秀的人接触中不断反思自己、总结自己，如此才能拓宽思维，提升格局力。

拆人生蓝图，就找石头哥

我是石头哥，一个具有 10 年创龄却依旧是"小白"的创业者。也许你会疑惑：为什么创业 10 年了还是"小白"？因为一直以来，我都认为创业就是为了赚钱，为了把产品卖出去。凭着一腔热血，我也短暂性地实现了从 0 到 1 到 N，赚到了人生的第一桶金。然而随着大环境的变迁、电商经济的出现、项目模式老旧以及竞争力的缺乏，我的事业从 N 又回到了 0，我也再次沦为一个创业"小白"。

也许，我们真的是只有重新开始的时候，才会突然顿悟一些事情。加入青创客后，我才渐渐明白，之前最宝贵的 10 年创业时光仅仅是为了赚钱。生意的目的只是赚钱，而创业的目的一定是持续盈利且不断壮大。就像课程中所讲的那样："创业是从 0 到 1，做一件自己喜欢、擅长并赚钱的事情。"从表面上看，这句话不难理解，但在这个过程中，我们如何做到个人能力的提升以及商业模型的转变？我想这两点才是一个创业者真正需要去思考、去实践的。创业原本就是个从无到有、创造梦想的过程，如何实现从无到有，梦想有多大、能走多远，则全由创业者的格局决定。

2019 年对于我来说是具有决定性意义的一年，这一年，我非常荣幸地接触到了洪明基老师的"六力理论"，并进行了系统的学习，对其中的格局力印象最为深刻。洪明基老师告诉我们："你的心有多大，创业的格局空间就有多大。"也就是说，只有不断升级自己的格局、升级自己的人生蓝图，才能不断成长，所开创的事业才能实现真正的成功，而不仅仅局限于做生意赚钱。

在上课的时候，导师要求我们绘制自己的人生蓝图，很多小伙伴都喜欢找我这个创业"老手"帮忙修改自己的人生蓝图。10 年的曲折创业路，虽然没能让我获得什么成功，却让我积累了许多创业的经验，让我比新同学更容易洞悉一些事情。不到一年的时间，我就帮伙伴们升级了 170 多个人生蓝图。通过总结和不断反思，我也发现了其中存在的一个最大问题，那就是：视野和思维限制了我们的格局。在绘制人生蓝图时，我们总会禁锢在自己的思维中无法绕出来，所谓"当局者迷，旁观者清"，当第三个人站在禁锢圈之外看问题时，往往能够一针见血地找到问题所在。这就是格局力所带来的效应，也是我一直热衷于帮助伙伴拆解人生蓝图的一个主要原因。而且与不同的思维碰撞，既帮助了他人、实现了利他效应，同时也提升了自我的思维格局，让我慢慢懂得"利己则生，利他则久"的道理。

当然，在这个过程中，我自己也在不断思索和寻找着新的创业之路。洪明基老师曾说："格局力是闻出来的、嗅出来的。"只有带着新思维去实践、去不断反省，才能提升格局，学以致用，快速成长。我也相信，只要找准思路，放大格局，持续努力，我一定会从一个创业"小白"变为一名创业"大咖"。就让我们一起努力吧！

石头哥
· Title 人生蓝图规划拆解师　·微博 青创石头哥

与不同的思维碰撞，既帮助了他人、实现了利他效应，同时也可以提升自我思维的格局。

用成长带动成长，
用生命支持生命

　　大学毕业后，因为成绩优异，我进入一家世界 500 强企业，担任集团总部的讲师。在很多人看来，我就是典型的"别人家孩子"——收入高，工作光鲜亮丽。但事实上，这份工作并没有给我带来太大的快乐，我时常都不知道自己天天忙碌的意义到底是什么。

　　有一次，我到国外出差，闲暇时就到酒店附近的海边闲逛。在海边，我看到一位身姿特别优美的女士正在专注地练习瑜伽，我一下子被迷住了，心中暗想："这样迷人的姿态，该是怎样一位美人拥有的呢？"可等她转过身时我才发现，竟然是一位满脸皱纹的老太太。虽然我有点意外，但是却一瞬间又很释然，因为她的脸上虽然留有岁月的痕迹，但她优雅恬静的神态却让她看起来很美。老太太也看到了我，她说："你这么年轻漂亮，为什么看起来不开心呢？找到自己热爱的事情，会让你忙而不累。"

那一刻，我突然受到了启发，于是决定探索自己热爱又能为他人赋能的事业。

大概两年前的一次课后，一位学员兴奋地跑来跟我说："叶老师，你特别像我的一个偶像。"并且告诉我，她的这位偶像是一名教育工作者，她的名字叫张萌。

我很好奇，一个教育工作者怎么能与"偶像"挂上钩呢？于是就上网搜了一下她的资料，结果发现：哇，这位"偶像"的价值观、人生观等与我非常一致，当时心中的那种感觉似乎用"偶然遇故知"来形容才最为贴切！

其间因为生宝宝等原因，我未能及时加入了萌姐平台的线下课堂学习，只能坚持线上课程。2019 年 8 月，生完宝宝后，我第一时间参加了平台的线下课程。

通过近两年的学习，我感觉自己收获颇多，其中最大的收获就是思维的转变。在此之前，我一直都在苦恼如何建立自己的商业模型，但一直没有寻找到更好的切入点。通过对平台课程的学习，我忽然领悟到：课程中不断强调的利他精神，不正是作为一个服务型企业最应该具备的格局吗？

此后，我逐渐将这种利他精神渗透到我的事业当中，在帮助会员解决身体健康问题的同时，还会去关注她们的心理健康。因为我发现，很多女性的健康问题都来自对人生的迷茫和焦虑。要么对工作不满意，不知如何改变；要么是生活不能独立，需要依附于另一半，无法真正享受人生……

有一位名叫侯冬丽的女学员给我的印象特别深刻。一次，她愁眉苦脸地找到我，说想跟我聊聊。原来与我同龄的她已是两个孩子的妈妈，结婚10年来，一直在家带孩子，花销都依靠老公和婆家，而每一分钱的给予都是以孩子的需要为由。这么多年，她只买过两件衣服，还要看家人脸色。她很想摆脱这种境况，让自己变得自信和独立，让孩子能以她为傲，因此加入了我们的培训班，准备考取瑜伽师。但由于考前紧张，她担心考不好，白白搭了学费，回去又要被埋怨、指责，所以便来向我倾诉，希望从我这里获得一些内心的力量。

我非常同情和理解她的处境，于是，我先从心理层面上给予了她一定的安慰和引导，又从瑜伽职业规划上帮她构建了一套成长规划和变现计划。我清楚地记得，那天我们聊了4个小时。她离开时，脸上的表情明显轻松了许多。

半年后，在我的一次课程中，我再次遇到她，她简直像换了一个人，不仅气色特别好，眼睛也炯炯有神，着装风格更是焕然一新。我惊讶于她如何发生了这么大的变化，她告诉我，因为我的鼓励和指导，她顺利拿到了瑜伽教练资格证，去了当地一家瑜伽馆代课。因为专业和专注，她每天的课程都排得很满，有时候甚至都没有吃饭的时间。

现在，她爱极了自己的生活。每天代课，收入不菲，而且不断精进的状态也激发了孩子们的学习热情。

　　能运用自己的所学、所感、所悟帮助到更多需要的人，这不正是利他精神的最好诠释吗？而这种精神不仅帮助了别人，还让我自己的内心越发富足、轻盈，不再局限于自己的那一片有限的天空之下。就像洪明基老师在"六力理论"中谈到格局力时说的那样：每个生命都是有活力的，只要你将活力放对地方，就能释放出价值，让生命变得更有意义，否则将枉此一生。而未来我也将继续大步走在自己热爱的路上，一直向前。

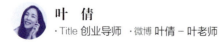

叶　倩
· Title 创业导师　· 微博 **叶倩－叶老师**

每个生命都是有活力的，只有将活力放对地方，才能真正释放出价值，拥有梦想中的人生。

我的人生有无限可能

2015 年，我被确诊为类风湿关节炎，身体多处关节出现疼痛、肿胀现象。经过多次治疗，仍然没有彻底治愈。在这种情况下，我就从一些中医书籍当中寻找其他的康复或缓解疼痛的方法。没想到无心插柳柳成荫，在这个过程中，我对医药学产生了兴趣，于是决定报考医药大学的研究生。

2016 年 8 月，在做出考研决定后，我搬进了考研大军的自习教室。看到教室里的同学都在用微博学习，我也开始学着刷微博找资料，无意间搜到了"全球青年大会"。当时只是因为被这种高大上的字眼所吸引，就想多了解一下。于是，我通过官方微博搜到了 LEAD 立德领导力的创始人。"浙大辍学""4 点早起""1000 天小树林计划"，这些字眼深深地触动了我，也让我开始反思自己平时有些懒散的学习状态。我虽然已经决心去考研，但平时的学习仍然有些不够专心。的确，只有早起才能比别人多出有效的学习时间，于是我也开始学着关注时间管理等问题。

然而，断断续续地早起几个月之后，我就坚持不下去了。虽然 2017 年我很幸运地考上了研究生，但入学后种种问题又陆续向我袭来。由于做实验需要接触较多的冰水，导致我的关节炎复发，不但影响了实验操作的准确性，频繁的实验对我的病情康复也非常不利。在这种情况下，我不得不暂停实验。考上了理想的专业，却不能顺利就读，这让我非常郁闷，甚至一度想要退学。直到这时，我忽然想起柜中还有一本去年买来的《人生效率手册》。

抱着读读看的心态，我找出了这本书，结果一读才发现，其中的许多观点、思维正是我所欠缺的。只关注眼前的这点困难，一叶障目，看不到外面更加宽广的世界。我不要继续这样的人生。

于是，在读完《人生效率手册》后，我又陆续买了《赢效率手册》等书籍，并按照上面提供的方法写总结笔记，设计自己的人生蓝图。慢慢地，我的心态发生了改变，开始将目光延伸到更加长远的方向。在这期间，我的关节炎仍然时好时坏，为提高身体免疫力，我陆续接触了瑜伽、普拉提等，希望能通过这些较为温和的运动来慢慢修复受损的关节，促进全身的代谢。我当时根本没想到，再一次的无心插柳，又让我有了更大的收获。

2019年3月，为了更好地提升自己，我加入了青创客阵营，与伙伴们一同成长。通过学习和成长，我也开始关注更多女性的健康问题，希望能通过一己之力为那些想要健康瘦身的女性解决没时间或反复瘦不下来等问题，让大家能够少一些病痛和烦恼，多一些健康和快乐。而我正在练习的瑜伽，不就是其中的一副"药"吗？

于是，在"敢比会更重要"的鼓励下，我勇敢地站出来，带着50位小伙伴一起练瑜伽，挑战"21天马甲线"。我们的伙伴中有学生、职场丽人，还有很多宝妈，我希望能通过这个活动鼓励她们勇敢地挑战自己，帮助她们实现自我精进与自我成长。在这个过程中，从事科研工作的小C给我留下的印象最为深刻。小C是一位宝妈，也是一名大学老师，每天在学校里既要授课，又要带学生做实验、改论文、定实验方案，回家后还要面对一堆家务，压根儿没有时间顾及自己的健康问题。但自从加入"21天马甲线"训练营后，小C一直都在努力坚持，从未掉队，最终不仅收获了美丽的马甲线，还养成了每日瑜伽的习惯。面对他人的不理解，她的回答是："我不会去说服，我自己坚持下去就行。我是为自己生活，不是为他人看法而活。"现在，又美又瘦的辣妈小C依旧奋斗在教学、科研一线，但她的内心更加充盈、喜悦。看到伙伴们的改变，我的内心特别高兴和自豪！

2019年7月，我又有了新的收获。在人生蓝图的催化作用下，我接到了澳洲亚历山大医院转化医学研究所的录取通知书，加入了新导师马修·布朗教授的课题组，在保罗·利奥教授的指导下分析病人的基因测序样本。其间，我还与宫颈癌疫苗发明者周健的夫人孙小依博士见了面，听前辈讲述如何从无到有、合成第一个病毒样颗粒。前辈在苦难面前的豁达与坚持，让我备受鼓舞，他们的生活是诗，他们的事业更是值得歌颂的远方。

不论是带领小伙伴挑战"21天马甲线"活动，还是澳洲之行，对于我来说无疑都是意义非凡的，我开始慢慢意识到：一个人对于世界的认知，往往决定了他的思维高度，你处于哪个思维层次，也决定了你主宰的是自己还是别人，抑或是被别人主宰。而这一切，都取决于你的格局。鲁迅先生曾说："愿中国青年都摆脱冷气，只是向上走，不必听自暴自弃者流的话……就令萤火一般，也可以在黑暗里发一点光，不必等候炬火。"只有拥有向上的格局，我们的人生才会有无限可能，哪怕平凡如斯，亦能抵达。

秋 霖

·Title 形体雕刻师　·微博 秋霖 –Qiulin

一个人对于世界的认知，决定了他的思维高度。唯有具备高维度的格局，才能让人生拥有无限的可能。

学习力

哈佛有一句名言："从来没有一个时代，像今天这样需要不断地、随时随地地、深入广泛地、快速高效地学习。"一个人无论做什么都能成功，只有一种原因：他能够克服每个行业领域专业性带来的壁垒。所以，对于青创客来说，无论你身处哪一个领域、哪一个行业，具备强大的自主学习能力都是制胜的法宝。

"学霸"艾宏，
下班也疯狂

　　我是艾宏，艾宏职场晋升陪伴营、21天职场方法论的创始人。

　　小时候，我的梦想是成为一名老师，后来由于种种原因，大学毕业后我成了一名销售。2015年，传统零售行业呈现断崖式下滑趋势，各企业面临着时代变迁带来的前所未有的组织变革。颠覆性的变化让很多人被迫离开了奋斗多年的企业，我就是这离职大军中的一员。伴随着离职而来的还有我对未来的焦虑和彷徨，人到中年，竞争力降低，人生到底该何去何从？

　　首次结缘萌姐是在2016年的喜马拉雅平台上，开始我是被她的"财富高效能"理论和"1000天小树林"故事所吸引的，而听完之后，我忽然不再焦虑了。她的经历和课程告诉我们：人生原本就有无数可能，唯有努力学习才能改写自己的人生。

我马上下单买了相关书籍，如饥似渴地读起来。但这些还不能让我满足，2018年3月，我正式加入"下班加油站"社群学习，希望能用知识改变自己的命运。而利用下班的时间疯狂地学习，也让我迅速迭代并重新拾起了自信。尤其是学习了"学习五环法"后，简直是给了我颠覆性的启发，让我在践行过程中充分发挥了自己的潜能，突破了传统思维，积累了大量的互联网实操和社群运营相关知识与经验。

通过学习，我也领悟到一个深刻的道理：学习的最高标准是会"教"。我们不但要自己真正地学会，还要学会利他，将学习方法教给更多的人，让更多的人获得进步、获得成长。于是，2018年5月，我组建了"艾宏精英战队学习群"，旨在帮助职场人员摆脱迷茫，拥有更强的职场竞争力。

社群中一位47岁的热心大哥给我的印象最为深刻。最初在社群中，他一直在为大家无私服务、点评，但自己却缺乏自信，认为自己只是人群中的分母。为了激励他，帮他建立自信，我带领他参加了当时人气最高的"萌姐每日60秒"演讲比赛。训练开始阶段，为提高他的基本功，我每天带领他一起进行口部操练习、气息练习，并每天坚持说一个绕口令。通过三周的练习，他明显找回了自信，并下决心一定要坚持到最后。

第四周时，我鼓励他每天上镜练习20分钟，他有点打退堂鼓了。但在我的鼓励和指导下，还是勇敢地站到镜头前录完了视频，虽然不够完美，但对于他来说，这已经是很大的进步了。

接下来的几周训练，虽然仍是状况百出，但在我的监督、辅导和伙伴们的陪伴、鼓励下，他最终信心满满地站上了演讲舞台，并一举夺得比赛的全国冠军，这一成绩也印证了"学习改变命运"的真理！

故事远不止于此。之后，他又报名了第三期的"萌姐每日60秒"活动，并担任活动的小组长。在最后决赛中，他所带组员中有6人进入前10位，并包揽了冠军、亚军，本人也被评为优秀班委成员。

现在，这位通过学习已变得自信满满的大哥，每天早晨依旧充满热忱地在社群中与大家分享各种演讲资料，在提升自我的同时无私地服务社群，还帮助很多小伙伴通过建立自信，找到适合自己的学习方法。

当然，在与小伙伴们互相陪伴的过程中，我也在不断地进步和迭代。建立社群仅一年多的时间，我们的粉丝就快速增长到近3000人。这一年，我还完成了50余万字的写作，到各地演讲达300余次，获得了"又忙又美"大赛月度第一名、复盘比赛第一名等荣誉，还4次受邀成为天津滨海广播《职场人生》栏目客座嘉宾，被大家称为"学霸"艾宏。

如今的我，早已不再焦虑，也不怕再失业了，即使有一天要离开当下的企业，我也会实现华丽的转身。当然，我更希望在以后的日子里，能够继续与大家一起进步、成长，遇见更好的自己。我们一起加油吧！

艾 宏

·Title 资深 HR/ 市场经理 ·微博 艾宏的阳光部落

一个人是如何拥有学习力的？有时候，不逼一下自己，就不会知道自己有多优秀！职场充电宝，艾宏少不了！艾宏出品，必属精品！

毕业不是失业，
而是创业的开始

我叫王子燃，是个热爱阅读，渴求挑战极限，未来希望实现财务自由的能量派白羊座女生，也是个"95后"新晋创业者。虽然我身材娇小，貌似人畜无害，但可不要小看任何一个成都姑娘哦！她们就像是潜伏在冒菜里的小花椒，一旦破壳，就能即刻迸发出巨大的能量。

2013—2017年，我在校园里度过了四年的大学生活。在这期间，我曾4次获得国家励志奖学金和国家奖学金，同时还获得过学习一等、二等、三等奖学金，被评为四川省优秀毕业生，曾担任学校大学生党员教育管理服务中心宣传部负责人，还曾拿下四川省大学生综合素质A类证书，在《课程教育研究》发表过专业论文《论真人秀节目在国际视野下的本土化发展》，大四时到四川电视台实习，后来又到日本游学。

看了我的履历，你一定觉得我这一路走来肯定是顺风顺水，事实却并非如此，我永远记得自己迷茫不知所措的那几年。在刚刚步入大学校园时，我也跟许多大学生一样，为自己制定了美好的目标：学校期间好好学习，毕业后要做一名记者。然而在 2017 年实习期间，我遭遇了沉重的打击。传统媒体的滑铁卢式下滑，没日没夜的颠倒式生活，让我对自己的未来感到迷茫。拿到毕业证书后，我也曾尝试做过几份与记者相关的工作，但都没能"锁住"自己悬浮的心，也没有找到最适合自己的位置。那时我就在内心里问自己："难道毕业就意味着失业吗？"我才不要这样！

于是，在经历了无数个不眠之夜后，我开始拼命武装自己、沉淀自己，每天利用下班时间学习，沉浸在阅读的世界里，寻找那一座能够真正点亮我人生的灯塔。

与萌姐结缘正是在此期间，我通过她的书籍《人生效率手册》知道了她的事迹。仅仅 30 岁的她，就因为表现出色而被 30 多位国家领导人接见，这引发了我的崇拜之情。于是，我开始关注她，阅读她的书籍，学习她的课程，了解她的企业，点、线、面全方位地去探索这位榜样导师。不到半年时间，我便做出一个决定：加入她的队伍。那时候我刚刚大学毕业两年。

加入平台之后，我的状态发生了翻天覆地的改变。每天早晨 4 点起床，打卡阅读，这让我体会到自己曾经荒废了多少时光；每天在群里与伙伴们分享所学知识，让我感觉到了学习和分享的乐趣，同时也发现了天外有天、人外有人；对目标的设定、对人生蓝图的规划，更让我慢慢告别了之前迷茫、三分钟热度的焦虑状态，对未来要走的路也越发清晰起来。

半年后，在伙伴们的鼓励和支持下，我组建了"燃队"，以"燃说"的方式将自己所学的课程内容分享出来，帮助那些刚刚离开校园、进入社会的大学生们解决新时代立足社会的职场硬本领提升问题。此后，我还相继创办了百日阅读陪伴营、子燃陪你书写时光硬笔书法群和 Vlog 视觉训练营等。

要真正帮助别人，首先必须提升自己。在这种信念的"逼迫"下，我也在不断学习，充实自己。在加入平台的近 300 天的时间里，我每天都要抽出两三个小时与萌粉们语音对话，用五六个小时在社群分享课程与答疑，目前已帮助 200 多个人找到人生蓝图，和 30 多名伙伴们一起学习"财富高效能"等财富金三角线上线下课程。在这期间，我自己又拿下了"又忙又美"大赛月度第一名、多项复盘大赛全国冠军，还被评为优秀读书会会长，并录制了"超级青创客"微访谈励志人物……

通过这一年多的学习，我渐渐体会到：学习其实就是一场修行，不见大地，不知自己的渺小；不见汪洋，不知自己的肤浅。同样，不学习，你也不知道自己的潜力有多么巨大。我从没想象过自己毕业后会加入这样一支队伍，走上这样一条创业之路。而今，这些都变成了现实。

现在，我和伙伴们仍努力奔跑在创业的路上，与那些即将毕业、走向社会的大学生朋友分享如何从学校过渡到未来。我最想告诉他们的是：毕业不意味着失业，相反，毕业恰恰是你创业的开始，也是你事业的开始。我可以，你也一定可以!

 王子燃
· Title "95后"最燃青创 · 微博 王子燃

认知的升级，离不开学习力的影响。学习就像一场修行，要突破自己，唯有坚持下去。

梦在远方，行在当下

我叫 Lisa，工作生活在一个名不见经传的小县城里。长年累月过着一成不变的日子，交往着万年不变的圈子，同时也看到了很多不能言说的"潜规则"，这些都让我时常感到困惑和不安。这样的生活，让我一眼就看到了自己未来的样子：毫无波澜，小富即安，每日都在"共享天伦之乐"。

曾经听过一段脱口秀："对于生活在大城市、拥有快节奏的人来说，田园才是牧歌；可对于生活在田园的人来说，那就是你一生唯一的歌。""一生唯一的歌"，这不就是我未来的样子吗？可它真是我想要的样子吗？

我很肯定，那并不是。

面对一眼就能望到边的未来，我也很想做出改变、有所突破，于是给自己制订了各种计划，包括早起、运动、阅读、写作等等一大堆。可到头来，我一样也没能完成。

这种状况还不算是最坏的，最坏的是我的身体也向我发出了预警：通过体检，我的身体中长了个"疙瘩"，医生很严肃地告诉我"准备手术吧"。

这个结果让我再次陷入崩溃。工作无趣，生活寡然，连身体都不在状态。而身体的警告也让我开始反思自己之前的行为。从学校到社会，我过渡得非常顺利，但工作几年来，我没再翻开过一本书，没再学过一项本领，也没有再锻炼身体，以至于我的思维和行动都不再升级，年纪轻轻，每天都在刷手机、看八卦中混日子，打发工作之余的时间。却不知，这是温水煮青蛙呀！

我下定决心：一定要改变自己。于是，我开始梳理自己在工作中、下班后应该学习输入什么。首先，我应该解决没有人生蓝图、拖延、散漫等问题，进行时间、精力、效率管理，提升效能；其次，我要在工作中和下班后多装备一些硬本领，提升学习力；最后，我要学习政治、政策，知道时代需要什么样的青年，而我们应该做些什么。

巧的是，一个朋友当时正在上一个有关提升效能的课程，我想都没想就直接加入了。

第一天课程结束后，晚上需要做复盘，我把当天学到的新知一一列了出来，与我的旧有认知进行比较。可要写如何去做时，我却久久不能落笔，因为我真的不知该如何做，我没有找到自己的"神话"、没有面对 5G 时代来临需要的硬本领，怎么办?

第二天的课继续，我依旧认真听、认真记，结合自己的实际在思考，但状况与昨天一样，我依旧不知该怎么做，小伙伴们都把自己的"神话"写到 2.0 版本了，我的 1.0 版本都还没有着落。我觉得我可能要带着遗憾结束课程了，心情非常低落。

但是，当我把"三个坚持三个反对"写在笔记本上时，就犹如打通了任督二脉一般，立马来了精神。我忽然用力地摇着身边同学的肩膀，激动地说:"我终于找到自己的'神话'了，我就是个励志和自律的人啊! 励志、自律、利他就是我的价值观啊!"

我终于知道自己接下来要做什么了!

从那以后，我严格按照课程要求，每天坚持早起、运动、阅读，使用《赢效率手册》，学习输入各种知识，并加入了青创客阵营，认真地以人为师，参加培训班，从思维到行为都发生了翻天覆地的改变。

最令我惊讶的是，我并没有通过手术解决掉身体里"疙瘩"。通过运动和生活习惯的改善，我的身体状况越来越好，体检后发现"疙瘩"已经在逐渐减小。

现在我的工作越来越忙，但我却越发充实、自信、高效地扮演好了每一个角色。

　　朋友和同事都说我越来越不一样，感觉像换了个"脑袋"。他们说得不全对，通过学习、听课，我不但换了个"脑袋"，还换来了一身的健康呢！我相信，只要我们继续坚持学习和自我提升，梦想即使在远方，也终将会实现。

Lisa
·Title 职场高效能导师　·微博 Lisa_ 张同学

只有勇于走出舒适区，努力克服惶恐区，才能真正全情地步入学习区。

重塑学习力，
引领高效人生

2013 年的某一天，由于我当时所在的公司进行结构调整，部门被合并，我被调到一个与之前工作完全不相关的部门工作。听到这个消息时，用"晴天霹雳"四个字形容我当时的感受完全不为过。这不仅因为我是筹建所在部门的老员工，还因为新部门的工作经常加班到深夜。作为一个孩子刚刚两岁的新手妈妈，每天晚上应付孩子已让我疲惫不堪，哪还有精力坚持加班？

无奈之下，我辞了职。至今我都清楚地记得自己离开公司，坐着地铁回家时一路忍不住泪流满面、心有不甘的情形。

每次人生遇到瓶颈，助力我走出困境的最好方式就是学习，因为学习力是永远的制胜法宝。离开公司后，我并未就此一蹶不振，相反，在家休息那段时间，除了陪伴孩子，其余时间我都用来学习，同时也在寻找新的就业单位。

2014 年，我加入了新公司，成为一名基层管理人员，开始了新的职场旅程。铭记之前的教训，深刻认识到职场核心竞争力的重要性，工作之余，我报考了国家在职研究生 MBA 考试。每天下班后和周末两天，我都在参加辅导班的学习，晚上有时也要学到深夜。但由于边工作、边学习、边带孩子，学习效率并不高，加上方法不对路，结果连续两年考试都以失败告终。

这让我的自信心大受打击，但遭受挫败的同时，我也认识到了自己的问题：学习没有方法，学习能力薄弱，学习效率低下。于是我只好调整考研目标，于 2016 年报名了北大汇丰在职研究生研修班。

2017 年，在北大汇丰学习期间，我通过一本《人生效率手册》认识了张萌老师。那次我刚好在参加自我管理深圳认证班的课程，第一次见到老师可以连续两天高效能地授课，坐在台下，听她娓娓讲完一套完整的理论，我瞬间有了一种被赋能的感觉。

课程结束后，通过参加青创客总部的讲师培训，我成了张萌自我管理课程的认证讲师，从此开启了自我管理之旅。每天早晨 4 点起床，专注学习和写作 3 小时。同时在 100 多天的学习时间里，我坚持使用思维导图，找准知识考点、难点和重点，学会快速学习的复盘方法，包含获得了哪些新知，改变了哪些旧知，该如何做到等等。3 个月后，我发现自己的学习效率明显提升了。随着一个个小目标的持续攻破，2019 年，我终于如愿获得了北大汇丰商学院的管理硕士学位。

通过对课程的坚持学习，我也认识到：学习力也是一种影响力。在我学习过程中，受我影响最大的人就是我的孩子。尤其是我早起学习的习惯，更潜移默化地影响了他。每天早晨6点多，孩子就会在我练习"萌姐每日60秒"的语音中醒来，看到我在学习，他也会爬起来去找书，要跟妈妈一起学习。2017年9月，我的孩子顺利进入了小学，并且从未出现过任何赖床不起、学习拖拉等问题。我相信，这就是学习的力量、榜样的力量。

在参加总部讲师培训期间，我还学会了一种重要的思维——利他思维，这也是洪明基老师在他的"六力理论"中着重强调的。他告诉我们："如果没有利他精神、没有无私奉献的初心，就很难成为一个好的导师。"至今我仍牢牢记得这句话，并以此来指引我的行动。作为讲师，肩负着传道授业解惑的使命，必须要有高效学习的方法，加速迭代，才能给学员更多的赋能，增强学员学习和工作的信心。这一要求也逼着我要时刻保持学习的状态。从2017年下半年至今，我已举办了14次销售新人培训，成为公司销售培训的品牌项目。最重要的是，我获得了学员们的认可，找到了自身的价值。而每天做着自己喜欢的工作，见证学员的成长迭代，对我来说更是一种无法用金钱衡量的幸福。我希望能把这种幸福的感觉一直延续下去，带领更多的伙伴修炼职场硬本领，助力伙伴的事业发展。

在学习力的驱动下，这两年是我迭代最快的时间，不仅自己获得了高效的人生，还带领着身边的人一起进步，这让我无比感恩。未来的我，一定会继续努力，用自己的所学去影响更多的人!

Anna 安娜
·Title 企业内训师 ·微博 安娜说职场

寻找适合自己快速学习的套路，是提升学习力的最佳方法。

跳出"低水平勤奋"的陷阱

2018年年初，那段时间我的工作比较轻松，便开始在网上寻找一些有关提升自我的课程。在这个过程中，我接触到了萌姐的效能课程，并参加了一些线下活动。10月，青创客计划出来的第二天，我就知道了这件事。当时我跃跃欲试，很想挑战一下自己，但犹豫了很长时间，还是没勇气去按照计划中所要求的那样去做，只好很遗憾地放弃了。

2019年元旦，我又参加了"财富高效能"课程，按照课程中的方法系统地梳理了自己的价值观和人生观，发现我的价值观与课程所倡导的价值观不谋而合，心情既激动又兴奋，当即便决定加入平台。而经过一年的学习，也证明我当初做了一个非常明智的选择。

不过，在初期学习期间，我也遇到了很多问题。虽然每天我都积极地在与一些热爱学习、身上充满正能量的小伙伴们一起学习、讨论，也加入了很多有关学习社群，但这样打鸡血般地学习一段时间后，我发现自己并没有真正吸收多少实质性的知识，而且与伙伴们交流讨论后，发现大部分人都存在这种现象。这引起了我的注意和反思。

为了走出这个困境，我开始试着让自己慢下来、沉淀下来，不再忙着去学新知识，而是不断复盘之前所学的旧知识，并多次向导师请教。2019 年的青年大会上，我听了洪明基老师的"六力理论"讲座，豁然开朗。在讲座中，洪明基老师着重讲了"六力"之中的学习力，他告诉我们：提升学习力的关键是要提升自己透过现象看本质的能力，然后借用"二八定律"，把 80% 的时间和精力放在深入探索 20% 的本质问题上；提升学习力包含内外两个维度——对内是借假修真，对外是去伪存真。

这不正好解决了我的困惑吗？原来之前我一直沉浸在"低水平勤奋"的陷阱之中却不自知，看似每天都在勤奋学习，其实并没有学到实质性的东西。于是，我结合洪明基老师的课程，又重新对之前掌握的方法进行了系统的总结，最终总结出了一套综合高效的学习方法，即"核心知识点法"。这种方法就是运用透过现象看本质的原理，做到举一反三、活学活用，从而达到事半功倍的学习效果。

通过一段时间的实践和完善，我发现这种学习方法非常有效，再接触到新知识，我也能很快吃透其中的实质，并将其运用于实际生活中。于是，我将这套方法分享给社群的伙伴，希望可以帮助更多人，同时也希望群策群力，让这套方法不断完善。

社群中有一位小伙伴让我印象十分深刻。她叫于小于，是一位来自杭州的"90后"，是一名酒店前台。因为不甘心一辈子做前台，她在工作之余会积极学习各种知识，而且非常自律，每天都将自己的学习时间安排得满满的。但她一直有个困惑，就是感觉自己这么努力似乎也没什么太大的收获，于是就在社群中向我请教。

仔细询问了她的学习方法和学习内容之后我发现，她遇到的问题与我以前的问题很相似，那就是学习内容过于宽泛而又不成体系，所以自然没办法把知识点串联起来。于是，我给她的解决方法就是运用"核心知识点"法，将所学知识点用自己喜欢的场景联动起来，然后再进行"单点突破＋联想记忆"，从而慢慢构建自己的知识宫殿。因为她原本就是一个刻苦而自律的女孩，所以效果很快就凸显出来，短短两个月的时间，她就晋升为酒店店长，并成为各大平台小有名气的自媒体作者。看到她能取得这样的成绩，真为她开心！

总之，学习不是一件轻松的事，但如果你掌握了恰当的方式方法，跳出"低水平勤奋"的陷阱，学习就会变成一件很轻松的事。我是高效学习教练史领博，希望助力大家成为掌握底层原理的高效学习达人。

史领博
·Title 引领博学读书会会长　·微博 引领博学

运用"核心知识点法"学习，快速、高效，远离"低水平勤奋"的陷阱。

让职场没有低效的青年

我过去的 30 多年，可谓是在浑浑噩噩中度过的。每天下班后，要么回家看电视追剧，要么跟朋友喝酒侃大山。也曾抱怨过工作环境，感叹过命运的不公，时而也会生出怀才不遇的豪情壮志，甚至还专门制定过五年发展规划，但很快都淹没在现实的喧嚣之中，一切都没有什么改观。

3 年前，我所在的企业经历了集体改制、港股上市及被外资收购，企业的这一系列变革一下子让我变得焦虑起来：万一有一天失业了，我能干点什么？带着这种对未来的迷茫，我开始逼着自己去书店买书学习。

2018 年 3 月，我在逛书店时看到了《人生效率手册》这本书，忍不住拿起来翻了几页。没想到，书中的内容给了我巨大的触动，也让我重新反思起自己之前的人生来。结果发现，这30 多年我算是白活了，没有一项过硬的本领，没有一样出色的成就。在接下来的人生中，我这个"80后"要抓紧了。

我开始按照书中给出的方法坚持早起打卡，坚持运动健身。为强迫自己坚持下来，形成习惯，我还报了很多线下课程，每次坚持看书上课、复盘分享。在上了一段时间个人品牌课之后，我也慢慢确定了自己应努力的方向——效率提升。

但是，要达到这个目标对我来说并不容易，因为我一直就是个效率极其低下的人。用朋友的话说，我是个"典型的完美主义者"，每件事都要做到极致。在工作中，成果当然是一直得到领导认可的，但往往是别人完成了三件事，我一件事还没完成。现在通过课程分析后发现，"完美主义"不过是掩饰我拖延症的借口而已。

那为什么我还敢将自己定位在效率方向上呢？因为我非常清楚，如果我不能将自己的效率这块短板补起来，就无法掌握更多的知识和技能，无法实现更多的目标，未来也就难以具备更强的竞争力。

2018年跨年大课上，我加入了青创客大家族，希望能和伙伴们共同成长。经过近一年的学习，我感觉自身的状态发生了很大变化，不再像以前那样稀里糊涂地混日子了，而是每天都充满了激情，觉得有许多事情要去完成、去实现。我也发现，这个世界上最大的宝藏就是自己。只要肯用心"挖掘"，就一定能挖出"金子"！

从 2019 年起，我开始组织小伙伴们每天一同早起，打卡学习。为了让自己的拖延症不再犯，让大家来监督我，我还成立了"一会二营"：一个读书会、一个英语陪练营、一个写书陪伴营。在读书会中，我要和伙伴们同读一本书，共同探讨书中的内容，发表感想、感悟；在英语陪练营中，我跟伙伴们一起坚持学习英语，每天进行"萌姐每日 60 秒"打卡活动，共同提高英语水平；在写书陪伴营中，我和伙伴们彼此鼓励，一起书写属于自己的故事，彼此分享自己的经历、经验。

同时，我也将自己在课程中所学到的知识免费分享给伙伴们，带领大家一起成长。我清楚地记得一些伙伴在接触我之前是多么迷茫无助、多么自我封闭与自我限制，而现在他们与我一样，都像变了一个人似的，每天坚持学习，动力满满。

在 2019 年青年大会上，洪明基老师分享了他著名的"六力理论"。在分享到学习力时他提道："找到学习的乐趣，并发现学习的意义，学习就将不再痛苦。"这句话特别适合现在的我。以前因为没有目标，为了学习而学习，总觉得学习太枯燥、太累；现在，我挖掘出了学习的诸多快乐，如与伙伴们一起分享学习内容、一起激烈地讨论某个观点等。更重要的是，学习让我的工作效率获得了极大提升，这也为我带来了更大的成就感。办公室里，曾经那个最晚完成任务的"拖延大王"，现在已经一去不复返了。

　　当然，我也很清楚，学习是件永无止境的事情，必须与时俱进，时刻提升我们的知识存储量，由量变到质变，由思维到行为，才能实现更多的目标。所以，我会和我的小伙伴们继续努力，帮助更多的职场青年提升效率，同时也期望未来的职场不再有低效的青年。

沈保辉
·Title 效率专家 　·微博 效率先生 – 沈保辉

学习是提升职场效率的最佳途径。发现学习的乐趣，认识到学习的价值和重要性，就会产生学习的欲望和动力。

30 岁，
我的逆袭重生之路

小时候，爸爸经常拉着我的手，语重心长地对我说："你要开心地学习，将来开心地生活。"这是我最早的儿时记忆，也是让我最难忘、最深刻的记忆。

初中时，因为做生意被骗，爸爸赔掉了几百万，我的家庭一下就从"小康之家"变成了"贫困户"，这对我和家人来说都是一个沉重的打击。在这之后的 10 来年，因为背负着巨额的债务，我们一家人都过着非常拮据的日子。在这个过程中，我也亲眼看到了父亲的不容易，他虽然身处低谷，却义无反顾地照顾家庭，保护我和妈妈不受伤害。

不幸的是，在我 30 岁那年，父亲患了重病，必须要到北京做手术，这让我再次陷入困境。当时我正从事一份销售工作，收入不高，工作压力却很大。每天拖着疲惫不堪的身体回到家里，刷着朋友圈中那些朋友的状态，发现他们过得都比我好，内心真是羡慕不已，而我却似乎永远都不能主宰自己的命运，为了工作而工作，不知后半生的路何去何从。

在这种情况下，父亲病倒，这对我而言自然是雪上加霜。我只能尽最大力量来照顾家人、平衡工作，所以也觉得特别无助、害怕。但这也让我暗下决心：我必须要做出改变，不能再这样任由命运摆弄。

机缘巧合之下，我遇到了《人生效率手册》这本书。它就像一个魔法师一般，解决了我 30 岁那年遇到的谜题。此后，我又参加了平台的线下课程，按照书中的方法一点一滴地要求自己、改变自己，每日坚持早起，学习打卡，戒掉懒癌，修炼硬本领。

2019 年的青年大会上，我听了洪明基老师的"六力理论"演讲，内心再一次被震撼。洪明基老师在讲到"六力"之一的学习力时说，学习不但是为了"活下去"，还是为了"活得更好"。每个人在陷入困境时，都一定要做出自我改变，甚至是逼着自己去改变原来的认知、调整糟糕的状态。要完成这样的任务，唯有不断学习，让自己的才能不断升级，思想不断迭代，才能有所突破，跟上时代的步伐。没有学习能力，人生就永远不可能有突破。

我深以为然。唯有学习，才能改变自己，同时也才能有内驱力去改变更多的人，这让我想起了朋友 May 姐。2018 年在我每天发朋友圈早起打卡分享学习内容时，May 姐就一直在关注着，后来我将《人生效率手册》这本书送给她。当时她正处于哺乳期，每天的生活都很忙乱。在读了这本书后，她也开始为自己制定目标、拆解目标，然后积极行动。仅仅半年时间，她不但成功瘦身，还在上班后不久就升了职。现在的她，慢慢爱上跑步，还打算参加"半马"，我笑着称她为"半马达人"。

人生就是一个良性循环，就像萌姐说的那样："敢比会更重要，要坚信坚持的力量。"

现在，我已经组建了百人成长陪伴营社群，通过线上线下活动分享，为伙伴们提供高能、系统的成长环境，希望能帮助更多的人通过学习、自律成长起来。成长陪伴者叮叮也非常乐意陪伴大家一起用知识改变命运，并坚信坚持的力量。

叮 叮
· Title 爱学习的早起者　·微博 叮叮－成长陪伴

学习不但是为了"活下去"，还是为了"活得更好"。知识可以改变命运，所以你要坚信坚持的力量。

人生没有天花板

"两只黄鹂鸣翠柳，一行白鹭上青天。"这是我特别喜欢的一句古诗，因为我的名字就在这诗句里。我叫白璐，有幸与诗中这种美丽的鸟儿同名，也羡慕和向往它们高飞的姿态。

但现实往往并没有那么尽如人意，大学毕业之后，我无奈地回到家乡，进入当地一家银行，成为一名基层柜员，一干就是4年多。在当地，这是一份令许多女孩子羡慕的好工作：不错的工作环境，稳定的收入，能获得社会认可。很多同龄女孩子在拥有这样稳定优质的工作之后，接下来考虑的就是怎样把自己好好地嫁出去，开启"人生赢家"之路，然而我却在工作中开启了跟自己"拧巴"的日子。

我的家乡是一座慢节奏的四线小城，我爱这里的山、水、人，也很感激父母帮我获得了这份安稳、舒适的工作。但不可否认的是，这样的环境和空间也让我深感人生的无望。一直以来，我都是个不太甘于现状的人，内心总是蠢蠢欲动地想要寻找更多的成长可能，而现实却像是一座低矮的天花板，让我越来越茫然，越来越无助。

幸运的是，我们生活在一个互联网时代，一个可以跨越时间和空间的时代。2016 年，我在业余时间开始通过网络搜寻一些自我提升的资源，后来通过一个平台听到了一堂名叫"成功人士如何度过一天"的课程。课程内容非常精彩，一下就紧紧地抓住了我的心。其中的一些话语，至今都让我记忆犹新，如"灵魂如果没有确定的目标，它就会丧失自己""人与人的差异，在另外的 8 个小时"……此外，其中的时间管理原则、时间管理方法等，也都让我产生了深深的共鸣。

在不知不觉中，我便被与这个课程相关的事物吸引了，从公众号的课程到训练营，再到课程直播、青年大会……我都一路跟随、一路学习。直到 2019 年年初参加了线下大课"财富高效能"后，我加入青创客大家族，从此开启了加速精进的道路。

这之后，我便跟随"家庭成员"一起学习，首先要养成的是早起学习的习惯。说实话，这一点对我来说就是个大困难。从小，我就是个不睡到日上三竿、不被爸妈痛骂一通绝不起床的深度床铺依赖者。工作后，虽然每天按时上班，但因为单位离家只有几分钟的路程，每天也要睡到上班前半小时才爬起来。而现在，每天却要 5 点钟起床打卡学习，这不是要命吗？

不过，俗话说得好，没有翻不过去的高山。既然决定改变自己，就要拿出行动才行，一个早起算什么！于是，每天在闹铃的"狂轰滥炸"和伙伴们的监督下，我也渐渐改掉了早上起不来床的习惯，并有赖于早起时间的利用，慢慢学会了时间管理。而随着不断学习、混圈子和参与各种实践活动，正在不断丰满自己的思想和认知的同时，我也逐渐清楚了自己知道些什么，还可能不知道什么，继而继续虚心地学习。洪明基老师曾说："学习的最高境界，就是不知道自己正在学习。"我正朝着这个方向努力。

这几年，我收获满满，从一个深度"懒癌患者"，一个原本身处封闭环境、安逸氛围的四线小城基层柜员，成长为一个追求自我成长的"异类"，最终还在重重竞争中脱颖而出，迈入了北大校园，成为北京大学汇丰商学院 2019 级全日制 MBA 的一员。

在此之前，由于受思维限制，总认为自己能力有限，就应该"低调"点，不要"好为人师"。而通过学习我才领悟到，向上成长本身就可以成为帮助他人的力量。所以现在我也在积极地将自己通过平台所学的知识，通过多种方式分享给身边的朋友；对于在学习中遇到困惑或问题的伙伴，我也会适当地给予帮助和指导。当然，我也会很愿意与其他伙伴共同探讨一些不太明白的问题，以达到共同成长。这个过程既让我收获了很多志同道合的好朋友，也让我获得了更多的自我提升。

"You have more power than you realize."（你比你想象中的更强大）我希望，让每一个不安于现状的青年都能挣脱束缚，找到引领；以人为师，持续学习，正确做事。记住：我们的人生没有天花板！

白 璐

·Title 北京大学 MBA 在读　·微博 白璐 Louisa

学习的最高境界，就是不知道自己正在学习。

成为终身学习者
和利他者

　　我出生在一个普通的工人家庭，祖辈都是光荣的铁路人。小时候，父母在铁路一线忙工作，我便跟着奶奶一起生活。奶奶虽然是一名朴实的铁路家属，却有几箩筐的红色经典故事讲给我听，如二万五千里长征、大海航行靠舵手等。这些故事不但丰富了我的童年生活，还塑造了我的品格，树立了我早期的价值观。如今回想起来，努力学习，报考军医大学，毕业后以一名医务工作者的身份投身于"抗击非典"的战斗中，再后来成为一名世界500强企业的部门主管……这样的人生路径绝非偶然，都源于小时候奶奶为我种下的种子：爱国、正气、努力、责任。

　　然而到了2018年，我却陷入了迷茫和崩溃的边缘，身为一家世界500强外企的主管，外表看起来光鲜亮丽，但现实却360度全方位无死角地煎熬着我。这一年，公司业绩整体下滑，所有员工都面临巨大的压力，随时面临被裁员的风险。可是，

240万元的房贷要还，孩子要上学，老人要赡养……每个月的花销一样不少，所有这一切，都像一根大锁链紧紧捆绑着我，让我无处可逃。

这也让我对自己产生了怀疑，从小在奶奶的培养下，我养成良好的品格，但现在我渐渐明白，品格的优秀并非真正的优秀，品格与能力的双重优秀，才是真正的优秀！而论能力，我有什么？面临职场中的激烈竞争，我思来想去，几乎找不到任何能在竞争中获胜的优势。这也让我情绪变得烦躁易怒，让女儿和先生受到许多无辜的伤害。

好在，我是个没有放弃过学习的人。2018年年底，我在喜马拉雅平台寻找相关课程学习，在这里，我遇到了我的恩师张萌——一个少年时代便通过学习成长赚钱，如今创业成功，并愿意教更多创业的人。通过学习她的课程，我似乎看到了自己理想中的样子。

2019年元旦，我送给了自己一份大礼——加入青创客，开始着力改变自己。要想蜕变，最直接、最有效的路径就是学习，于是，我将一天中能抽出来的时间全部用来学习，循环听张萌老师的课程，同时积极参加所有的线下大课和线下活动，不错过每一次学习机会。在这期间，我又有幸听到了洪明基老师的"六力理论"演讲。在讲到学习力时，洪明基老师提出了"学习三角"方法论，认为学习首先要积累经验，改变对社会的认知；其次是要根据特定环境将学到的知识升级为自己的理论；同时还必须将理论放入实践当中，去证明理论的正确性与实用性。这让我再一次获得启发，于是在每次听完课后，我又尝试将课程体系及知识内容进行系统的分析和加工，以构建属于自己的完整的思维体系。

学习还不是最终的结束，必须经过亲身的实践，才能让所学内容发挥出真正的效用。为此，我开始积极参加各种实践活动，并主动申请担任线上训练营助教、学习小组组长、读书会会长等，将课程中所学的"学习五环法"应用于实践当中。同时，我也积极与伙伴们交流沟通，并结合自己以前的经验，为不少伙伴解决了不会搭建知识宫殿、无法将课程内容融会贯通地落实到行为上等问题，还帮助一些想要快速成长的学员成为青创客，让他们实现从零到一的蜕变。

很多人问我，为什么学员会那么信任你、喜欢你？我想说，这一切的信任与喜欢都源于我一次次真诚地与学员们进行线下见面沟通，用我的知识、经验和耐心去帮助每一位需要帮助的人。当需要你的人越多，你的价值就会越高，而你自己获得的提升也越多，所以在利人的同时，我自己的口才、思维能力、学习力等都获得了明显提升。另外，我还以课程教练的身份帮助数百位伙伴提升他们的学习能力，使他们实现了从不擅表达到勇敢地登台演讲，展示自己。

　　每件事都做对，好的结果自然会来。终于，在加入青创客的第十个月，我赚到了人生的第一个 100 万元！看到这个数据，我一点都不惊讶，因为这是我内心坚信可以实现的必然事实，这个事实一直都站在我的前方，向我招手，给我鼓励，催我前行……

　　回顾自己这一年中的行程，虽然在我之前的 30 年人生中不算漫长，但却给我的人生描画出了一道瑰丽的彩虹。彩虹的那端，是那个丑胖、尬活、迷茫、充满不安的我；彩虹的这端，是这个自信、热情，对前途目标清晰，具有赚钱能力且还能助力他人赚钱的我。一切的优秀，都是用努力书写出来的！在不断的学习和探索中，我也越来越热爱自己的事业，也更加确信自己将会为之奋斗一生，努力成为心中有信念、脚下有道路的终生学习者和利他者。

张　婷

·Title 学习策略指导师　·微博 张婷－赋能智慧学习力

学习首先要积累经验，其次要将学到的知识升级为自己的理论，再将理论付诸实践，用实践去证明真知，实现自我突破。

成长是
不断自我救赎的过程

我是陈泊言，大家都叫我双子。我是一个喜欢一切新事物的双子座女生，同时也是"双子说"即兴演讲创始人。

从小，我就一直活在"别人家孩子"的阴影中，学习成绩中下等，做事拖拖拉拉，干啥都是三分钟热度，缺乏耐心、恒心，毅力更是跟我不沾边。工作后，我的老毛病依然没改，缺乏对工作的热情和积极性。也多次想过辞掉不喜欢的工作，可又不知道自己能做什么、适合做什么，总不能20多岁了还靠爸妈养着吧。

就在这种回头看没成就、向前看没未来的糟糕状态下，2017年的一天，我无意中在网易上看到了一篇名为"你20多岁的生活方式，将决定你30岁的打开方式"的演讲，演讲者就是萌姐。一开始我只是被演讲的题目所吸引，因为那年我刚好21岁；然而在观看过程中，我很快就被其中的理念深深吸引。我抱着试试看的态度加入了社群，一开始更多是站在旁观者的角度参加一些学习，直到我第一次参加线下课，才算是真正迎来了我的决定性瞬间。

2018年年初，我参加了一个线下的"70天坚持60s"的演讲活动。当时参加活动的初衷其实只为了能坚持学点什么，因为以前学东西总是三天打鱼两天晒网，看起来像是很用功，但实际上并没有掌握真正有用的东西。这次为了能坚持下来，我主动申请成为小组的组长，带领大家一起学习。而当身份转变后，责任感也驱使我必须坚持下来。第一个21天，我顺利地坚持了下来，但只有我知道每天的坚持有多难。由于过度追求完美，我每天要录音几十次甚至上百次，有段时间嗓子疼得几乎说不出话来，但为了不让组员失望，更为了证明自己，我依然没有放弃。当坚持到第60天时，我慢慢意识到，我是可以做到的。

在这之后不久，我就创立了"双子说"即兴演讲，同时拥有了自己的"双子战队"。以前都是自顾自地学习，现在我开始带着伙伴们一起成长，希望能通过这种学习方式帮助那些害怕演讲的小伙伴告别恐惧，并慢慢爱上演讲，通过演讲找到人生的自信和价值。正是这个小小的利他之心成就了我，第一期活动的效果很好，让我信心倍增。此后，为了提升自我、帮助更多的人，我开始比以前更刻苦地学习，每天坚持写复盘，至今已坚持了500多天；每天坚持录"双子说"，至今已坚持了390多天……

在这个过程中，不仅我自身的能力获得了很大提升，对于那些想要改变的小伙伴也产生了很大的影响。因为大家都知道，我原本是个做事没耐心又害怕演讲的人，不够自信，不敢表达自己，而现在，我已经能够站在演讲台上，面对上千观众出色地完成自己的演讲，这对小伙伴来说是一种巨大的鼓励。这其中，"正能量"的改变给我的印象最为深刻。

"正能量"是个技术型人才，性格内向，平时不善言谈，一开始在演讲群中分享知识也总是退缩。我清楚地记得有一次，他在社群分享自己通过坚持跑步减重20斤的故事，我正听得津津有味时，他却戛然而止。我鼓励他继续讲下去，他却退缩了，觉得自己讲得不好，怕耽误大家的时间，影响大家的心情。为帮他建立自信，我经常鼓励他，每次分享后也会私信他，帮助他分析不足、总结经验。渐渐的，我发现他有了表达欲，表达也更加顺畅。现在，他已成为"双子说"演讲战队中的骨干人才，每次演说分享都自信满满，在工作中也变得更加自信，而且还升了职。

如果说第一个决定帮我找到了奋斗的方向，那么第二个决定便让我的奋斗变得更有意义。2019年年初，我成为第一批"90后"青创客，从此真正开始了新时代的创业之路。在这之后的奋斗中，我也获得了许多梦想成真的机会，比如第一次站在千人舞台上演讲、第一次被萌姐采访、第一次通过社群运营变现……而我也变得更加自律，意欲通过不断学习实现更大的自我突破。这种思维的迭代、行动的改变，对于我来说其实就是个不断自我救赎的过程，这个过程也让我找到了学习的内驱力，让我更加确定学习是一件需要终身坚持的事，是一件自我滋养的事。如果在这个过程中既能不断突破自我，又能帮助更多的人一起成长，这难道不是一件最值得坚持的事吗？

我是双子，我愿和你一起努力，未来遇见更好的自己。

双 子
·Title "双子说"即兴演讲创始人 ·微博 双子即兴演讲

学习时，只有突破自我设限，才会让自己的舒适区慢慢变得广阔，也才会因此而感到令你舒适的面积越来越大。

"学习"让我远离人生
的三个至暗时刻

我是奥妈盖迪，"快乐妈咪帮"的创始人，也是一位焦虑情绪管理教练，现在定居加拿大。

在过去 36 年的人生旅途中，我经历了 3 次至暗时刻，都是通过学习走出逆境的，我希望能把我的经历和经验分享给大家。

第一次是在 15 岁那年，我中考严重失误，当时的成绩只能上最差的高中或最好的中专。"凤尾"和"鸡头"之间，我不太明智地选择了"鸡头"。18 岁中专毕业后，因成绩优异，我进入了一家会计师事务所。但我不甘心一辈子这样庸庸碌碌，于是边工作边读书，实现了从中专到大专、从大专到经济学学士的跃迁。近 6 年的自主求学之路虽然漫长而艰辛，却也让我收获了"终身成长"的思维方式。

第二次是在 2010 年，我通过"技术移民"自费来到加拿大，与朋友一起创业做中加贸易，但第一笔大单就因供货商不诚信导致公司严重亏损，最终不得不宣布破产，关闭公司。

你知道吗？我就是为了得到这个创业机会才移民的，所以整整啃了一年法语才通过移民面签，又好不容易痛下决心，从中国"连根拔起"来到这里。结果，第一次创业就将我摔得体无完肤。我清楚地记得那天，我回到房东家，坐在地下室的楼梯上，一个人咀嚼着事业打击和背井离乡带给我的痛苦和孤独，一直默默流泪到深夜，甚至想连夜买机票回国，回到爸爸妈妈身旁。

然而转念一想："来都来了，灰溜溜地回去多丢人！反正移民是有助学金的，不如就回学校继续读书深造吧。"

于是，我果断申请了魁北克大学管理系的研究生课程，这个决定不仅让我收获了加拿大的管理学硕士学位，还弥补了没有经历过大学校园生活的巨大遗憾，最幸福的是我还遇到了人生的另一半。

"没有得到你想要的？没关系，你会得到更好的！"从那以后，我收获了这样的人生信条。

跌入人生谷底的时刻是在 2018 年，我刚生完二胎，同时照顾两个孩子的繁忙、无法工作的压力，我尚且可以应付，最让我难以承受的是小女儿患有"先天性胸壁瘘管"，由于经常发炎，所以总要抱着孩子跑医院。这几乎让我频繁地陷入焦虑，甚至轻度抑郁状态之中。

为了让自己从烦恼中抽离出来，我利用喂奶、哄睡、做饭、家务等一切碎片时间，戴上耳机听线上知识，从读书会到训练营，从育儿到创业，从时间管理到情绪管理……在这中间，给我印象最深、对我影响最大的，就是"人生效率手册"这个课程。在这套课程的影响下，我不但结识了一些非常优秀的导师，还有幸成为一名青创客。

在导师的指导和课程的影响下，再加上我的个人经验，我总结出了一套适合宝妈学习的高效学习方法，还原创了一套名为"快乐五角星"的焦虑情绪管理法。通过对这些方法的学习和研究，我不仅自己可以积极乐观地面对生活中的一地鸡毛，还帮助很多宝妈缓解了焦虑情绪，陪伴她们度过了人生的许多至暗时刻。

后来，在青创客课程的影响下，我又建立了一个学习型社群"快乐研习社"，将自己所学的知识体系和生活经验分享给那些正被焦虑困扰的职场妈妈们。我记得这其中有一位二胎宝妈，网名为"乘风追月"。刚刚加入"快乐研习社"时，她正被工作和家庭琐事缠绕得几乎喘不过气来，处于既焦虑又迷茫的状态。在我的引导和伙伴们的共同帮助下，她也开始坚持早起打卡学习，不但慢慢平衡了家庭和工作之间的关系，还使自己的知识水平、思维层面都上了一个新的台阶。最近，她带着读高中的大女儿一起到北京学习线下课程，母女俩在学习的道路上实现了高度同频。

最令她惊喜的是，女儿看到妈妈如此努力，小小年纪也开始尝试学习时间管理，规划自己的人生蓝图，过上了有准备的人生。她用自己的实际行动印证了妈妈的榜样力量，将自己的生活和事业规划得井井有条。看到伙伴们能因为我的努力而遇见更好的自己，我体会到了前所未有的快乐和价值感。

回顾过往，我人生的第一个 18 年属于"被动学习者"；第二个 18 年属于"自主学习者"；未来的第三个 18 年，我将以"利他学习者"的身份为更多的职场妈妈和创客妈妈提供更好的学习和缓解负面情绪的方法，助力她们积极应对事业和家庭的双重挑战，实现好自己和好妈妈的完美平衡。

盖 迪
·Title 焦虑情绪管理教练　·微博 奥妈盖迪

学习力就是终此一生，每天进步一点点；也是真诚利他，成人达己！

让天下没有低效能的孩子

作为一名"90后"斜杠青年，我是一名小学语文老师，一名南开大学应用心理学在职研究生，同时拥有两个自媒体——微信公众号"小豆芽会开花"和喜马拉雅个人电台"小豆芽会开花"。我分享的大部分内容都是帮助家长智慧育儿和孩子高效学习的方法，用心打造小豆芽赋能学院，专注智慧家长和高效能孩子的养成。

在这个知识更新极其快速的时代，不学习就会被狠狠地抛在后面，不论是孩子，还是成人，都不可避免地需要学习，需要接触大量的新知识、新技能。那么，如何才能高效学习？为什么很多人看似一直在学习，可效果却并不好，最终沦为"假努力""假学习"呢？

这也是我在教学过程中一直感到困扰的问题。尤其是小学阶段的孩子，存在的最大问题就是写作业拖拉，明明可以用1个小时完成的作业，非要拖到 2 小时、3 小时，效率非常低。究其根源，其实是缺乏时间管理能力，不知如何安排自己的时间，没有计划、没有目标。而学校注重的是文化课的教育，也缺乏有关时间管理等方法的引导；如果家长也同样如此，那么孩子的问题就会成为让老师和家长都非常头疼的问题。

这个问题曾经也令我特别困扰，虽然查阅了很多书籍、资料，但苦于一直没能找到特别合适的方法。

机缘巧合之下，我接触到了萌姐"从拖延到高效"的课程，结果一下就被课程中提到的学习方法、时间及精力管理方法、建构知识体系等内容所吸引了。我一直求索的问题，在这里几乎全部找到了答案。同时我也深深地意识到，低效能孩子并不是天生就低效，而是因为没有正确的方法引领。换句话说，只要用对方法并加以训练，那么，低效能孩子完全可以变得高效起来。

通过一段时间的学习，我决定将我从课程中所学到的方法进行归纳和整理，再将其中最适合提高孩子学习效能的方法分享给家长和孩子们。于是，经过一段时间的准备，我创立了"小豆芽赋能学院"，并举办了 21 天智慧家长和高效能孩子养成陪伴训练营。同时我又将从课程中所学的有关提升成人效率的内容进行了改编，结合孩子们每天使用的家校本，将其改编成为适合小学生学习的计划总结本。通过这样的陪伴训练和对《赢效率手册》的学习，不仅让家长弄清了孩子们存在的主要问题，还帮助他们找到了最适合自己孩子的高效学习方法，同时也让孩子们学会了如何自主地对家庭作业进行规划。活动结束后，孩子们写作业拖拉的问题获得了大大的改善，拖延现象明显减轻。

为了巩固孩子们的学习成果，我又利用喜马拉雅平台的音频形式和微信公众号的图文形式等多种途径，将我每期所学的知识分享给家长和孩子们，如学习五环法、复盘法、番茄工作法、排程法、精力管理方法、知识宫殿等。我相信磨刀不误砍柴工，只要方法对了，学习效果一定可以更好、更高效。

经过一段时间的实践，我欣喜地看到了在孩子们身上产生的由内而外的改变，特别是那些原本学习低效能的孩子，他们的改变更加明显。从每天早起的晨诵打卡，到每日计划总结本上的复盘，他们不再是被动学习，而是主动去规划和实施，在一件件小事中坚持着、改变着、成长着。

2019年，我又非常幸运地接触了洪明基老师的"六力理论"，其中的学习力理论让我印象尤其深刻。洪明基老师提到，要修炼学习力，其中一个非常行之有效的方法就是构建模型，通过所学的课程、实际调查内容等，将所学的知识和材料系统化、条理化，最终形成一套自己的科学合理的方法和体系，再利用这些自有工具、模型等去指导自己所面临的问题，并快速做出决断。而我，不正沿着洪明基老师指引的这条路不断前行吗？同时我也更加确定：我走了一条非常正确的道路。

为表达对洪明基老师的感谢，我和孩子们在教师节前夕特意给他写了一封感谢信。然而让我和孩子们都没想到的是，几天后，我们收到了来自洪明基老师的珍贵回信，这给予了我们更大的信心和更强的能量。

当然，高效能孩子的养成并不能一蹴而就，这条路任重而道远。但我和家长们都坚信"办法总比困难多"，更坚信用"对"方法、用"巧"方法就一定能够助力孩子们拥有强大的学习力，成为超级学习者！当我们拥有越来越多的同行者一起为孩子助力时，低效能的孩子就会越来越少，我们期待那一天早日到来！

小豆芽会开花

·Title 小豆芽赋能学院创始人　·微博 小豆芽会开花 _

在学习过程中，要善于将所学的知识系统化、条理化，并构建出自己的理论模型和方法体系，利用这些模型和体系去解决问题，事半功倍。

执 战 力

执行力是按时、按质、按量地完成自己的本职工作，在
资源有限的情况下，个体或团队展现出来的克服一切障
碍、突破绝境的能力，从而达到"来即能战，战即能胜"
的效果。每位创业者在创业过程中都会遇到各种困难和
挑战，而是否具备出色的执战力，也将决定你的事业未
来能够登多高、走多远。

有目标、有规划，
未来才会有无限可能

我是莫亚姐姐，来自美丽的山城重庆，是一名"80后"创业者，也是一名电商平台的培训师。

我曾经在房地产公司工作了7年，结婚生子辞职在家，为了能在照顾孩子的同时拥有一份收入，在2013年开启了微商之路，并非常幸运地在微商刚刚兴起时抓住机会赚取了第一桶金，由此也顺势开设了自己的公司和线下实体连锁彩妆店，组建了自己的团队。

然而，市场的风云变幻，微商从草莽的发展期渐渐回归理性，整个行业陆续出现产品不好卖、代理不好招等现象，流量越来越有限。2018年，由于市场突变，我们所代理的产品品牌方因销量不佳而倒闭，这也直接导致我们的实体连锁店货品库存爆仓，加上房租、人工成本逐日升高，线上没销量，线下没人流，更没有多余的资金支撑，结果不到3个月连锁店就相继关门了。

当时的我可谓四面楚歌：几十万的库存货品无法变现，因快速扩张而欠下银行的巨额债务无法偿还，因为投资失败与合伙人的矛盾不断升级……这一切都让我多年的努力全部付之东流，而我也一度陷入绝境之中。

那段时间，我的意志特别消沉，人生跌至谷底，晚上熬夜刷剧，白天拉上厚厚的窗帘睡懒觉，感觉这样才能让自己逃离外面那些糟心事。然而，这种颓废的生活并没能让我缓过劲来，反而还让我的健康遭受了惩罚。生物钟的颠倒，导致我内分泌严重失调；经常抱着手机、电脑，导致我肩颈严重错位。在一次感到身体不舒服后，我到医院做了检查，医生告诉我，我的乳房里有一颗肿瘤正在快速长大，让我必须立即通过手术来化验是否为良性。如果是良性，直接手术切除即可；如果是恶性……这个消息让我的人生彻底崩塌，钱没了，身体也垮了，我的人生也许由此便终结了。

幸运的是，这一次上帝眷顾了我，手术后医生告诉我："肿瘤是良性的。"躺在医院接受手术那几天，我开始反思自己："我怎么把人生过成了这样？"没有规划、没有思维、没有目标、没有未来，这样下去，不就真的没有希望了吗？又怎么对得起上帝给我的这次重生机会？所以，我要改变。

我开始重新拾起了书本，到知识的海洋中去寻找能让我摆脱现状、真正对我有用的东西。在读到《人生效率手册》这本书时，我感觉自己被狠狠地扎了心："你每天都做很多事，到最后才发现好像什么都没有干；目标很多，却一个都没有完成。"这不就是在说我吗？而书中的构建思维体系、提升自我能力等，也深深地震撼了我。我感觉这就是能够改变我之后人生的一本书，我要把它充分利用起来。

从医院出来后，我开始执行早起计划。记得第一天 5 点钟起床的时候简直让我觉得痛苦万分，困得东倒西歪，眼睛也睁不开。第二天起来时全身无力，看着书，坐在书桌前就睡着了。当看到书中写到用清凉油涂抹眼皮底下，可以快速清醒，我在迷迷糊糊中直接将清凉油涂到眼睛里了。我的天，简直快瞎了！我的眼泪止不住地流，半小时睁不开眼睛……

就这样坚持一周后，我成功地生病了！虽然发着高烧，但我太想改变自己了，所以即使生病期间，我也坚持早起，哪怕什么都不做，也一定要把早起的习惯养成。坚持了 21 天后，我终于成了一位早起者。而通过阅读学习，我才深刻地体会到，早起真的能比别人多活出 1/3 的时间。

早起的阅读和学习让我原本焦躁的内心慢慢平静下来，并且打开了思维，重新构建了我的知识宫殿。随着学习的深入，我通过"7 个人物法"知道自己想要成为哪些优秀的人物。同时，我也逐渐构建起演讲、写作、运营、营销等能力，并学习管理自己的时间，提升专注力，用冥想或呼吸法管理自己的情绪……

2019 年，通过早起我已经完成了今年要阅读 50 本书的目标。在这一年当中，我坚持使用《赢效率手册》《总结笔记》，每日反思自己的得与失；坚持练习"萌姐每日 60 秒"，提升我的普通话和演讲能力；坚持运动，让自己从 125 斤减到 110 斤，并继续努力冲刺"马甲线"。在这期间，我还加入了社群，并有幸成为社群助教，每天带领伙伴们学习、反思、复盘，在提升学习能力的同时，还提升了社群运营管理能力，这些都将助力我未来在新媒体运营上拥有更强的执战力。

通过持续不断的自主学习，我的认知能力也逐渐提升，曾经的迷茫正在逐渐远离，未来的方向越来越清晰。洪明基老师在他的"六力理论"中谈到执战力时曾说："战略目标就是你努力的重点，如果战略方向把握不好，就会南辕北辙，难以成功。"我深以为然。之前我就因为缺乏规划、缺乏正确的战略目标，很快便品尝到了失败的苦果。而今，我的目标非常清晰，我也认识到：失败并不可怕，可怕的是失败后，在没有总结教训和经验的时候选择再次出发。我是不幸的，也是幸运的，不幸的是生活曾给了我重重一击；幸运的是，生活又给了我一次重生的机会。

当然，在自我进步过程中，我也没有忘记对利他精神的践行。在社群中，有个名叫慧慧的伙伴，是一名全职妈妈。2018 年，她向我倾诉了她的苦恼和迷茫。她告诉我，她每天都陷入一种恐慌之中，觉得自己在家带孩子就是在虚度光阴，害怕以后与社会脱节。想要改变，却不知从何入手。我特别能体会慧慧那颗急切想要改变的心，于是我就结合她的实际情况，用"7个人物法"帮慧慧制定了目标，并帮她将目标一一分解，让她清晰地知道自己在某阶段该做什么，如何通过早起阅读增加知识量、通过学习提升思维能力等。

一年的时间，我见证了慧慧的快速成长，她不但连续两期拿下读书会的优秀读者荣誉奖，还报考了一所成人大学，准备考取文凭，为自己的未来助力。

对于未来的创业问题，我仍然具有强烈的愿望，但现在的我已经更加理性，目标也更加明确，同时也会进行更加详细而长远的规划，就像洪明基先生在谈到执战力时说的那样，要想创业成功，必须具备执战力。而要修炼执战力，第一步就是要认真规划、确定目标。我在为之努力，并且坚持不懈。

莫亚姐姐
·Title 重庆欣亚商贸有限公司总经理 ·微博 莫亚姐姐

要想创业成功，必须具备执战力；而要修炼执战力，第一步就是要认真规划，确定目标。

突破自我，
不需要任何借口

从初中开始，我就对上台说话存在恐惧心理，长大后越来越严重。不论台下有几个人，只要让我上台说话，哪怕只有几句，也会让我瞬间大脑空白，甚至舌头发硬，蹦几个字都费劲。大家可能无法理解，我大学几年最害怕的事就是每周的集体大点名。因为每次点到我时，我都会紧张得不知所措，停顿少则半秒，多则两三秒。这时候，全队200多人就会注意到我，甚至因为我的磕巴而哄笑一团，让我窘迫得想马上找个地缝钻进去！

工作以后，因为害怕讲话，我也从来不敢主动表现自己，因此失去了很多好机会。后来考取研究生，在课题汇报时同样没有摆脱磕巴的命运，连正常的答辩都说不利索。这样的经历，让我感到深深的自卑和烦恼！

为了战胜这一困扰，多年来我也一直与它进行斗争，比如用语速引导仪降低语速，自我训练了两三年，还报过为期一周的全封闭口吃矫正班。但只要舞台恐惧症一犯，自信心马上就会消失殆尽，自己也会立刻被打回原形。

我一度认为自己的舞台恐惧症是与生俱来的，无论我怎么做都无法克服，直到 2019 年 7 月 13 日，我在参加全球青年大会时接触到洪明基老师的"六力理论"。在当天的晚宴上，我当面向洪明基老师请教，发现自己并非天生如此，而是需要不断增强执战力。

我至今都记得洪明基老师当时对我说的一句话："有目标是好事，但有目标与能成功之间是有很大区别的。要想战胜你的弱点，就必须有强烈的想要达成目标、获得成功的愿望，并愿意为之全力以赴。这既是一种执战力的表现，同时也是一个人必须具备的强大的原力。"

我深受启发。回来后，我很快便组织了一个演讲训练营，请演讲教练手把手地辅导我。同时，我每天也在不断加紧练习，不给自己任何借口。经过台下几百个小时的练习，我慢慢掌握了上台演讲时克服紧张的技巧，并做好了充分的心理准备。

后来，为了让"敢比会更重要"的观点在我身上得到践行，我报名参加了萌姐"财富高效能课程"的现场演讲会，登上了千人舞台。那次演讲的情形至今都历历在目，站在台上，面对下面上千名观众，我的紧张再次袭来，甚至因为紧张过度导致我脸上的肌肉都在抽搐。在讲话时，中间也卡顿了两次，台下第一排的人看得清清楚楚，大家后来说，他们都为我捏了把汗，生怕我扛不住紧张而跑下舞台。但我没让他们失望，也没让自己失望，硬是勇敢地做完了整个演讲。

这一次，我意识到我终于真正战胜了舞台恐惧症！有了第一次的突破之后，现在的我虽然在一些演讲前仍会紧张，但已经不再害怕，而是开始享受这种紧张，也享受上台后演讲的感觉。

在坚持自己改变的同时，我也积极地将自己的经验分享给更多的人。莲姐也是一位焦虑的奋斗者，从事的是医养事业，由于事务烦琐，加上人际关系复杂，每天都有操不完的心。又因为工作太忙，难以顾及家里，导致夫妻间矛盾不断升级。在一次线下培训活动中，我了解到她的情况，与她进行了沟通。我告诉她，要想改变别人，首先要改变自己，并且一定要对自己"狠一些"，同时还要不断用高情商领导力来换位思考。一段时间后再见到她，感觉她的状态有了好转。现在的莲姐，正致力于将医养结合打造成集团的名片，更梦想在全国范围内推广这份极具爱心的事业，将爱撒向全社会。

这样的例子还有很多，在这个过程中，我不但自己变得越来越勇敢、自信，还通过组织各种线下演讲培训和读书分享活动帮助了很多伙伴，让大家都能行走在坚持学习和不断进步的道路上。而我也愿意一直这样走下去，有一分热、发一分光，做好自己、成就他人。

松博士
·Title 医学博士　·微博 松博士－美丽魔法师

要战胜弱点，就必须具有强烈的想要达到目标、获得成功的愿望，并一定要横下心来去实现，不给自己找任何借口。

6 年创业者
透过表象看本质

我是康康，一个创龄 6 岁的 "90 后" 正能量创业者。我的创业历程，用 "逆袭" 这个词来形容一点都不为过。

2012 年，刚刚毕业的我被分配到一个月只有 1000 块钱的交管所实习。由于父母都外出打工，我跟奶奶只好租住在成都某医院楼的一间只有 6 平方米大的楼梯间里，里面仅够放下一张床。奶奶在这家医院做保洁，而我每天为了能省下 2 块钱的公交费，不得不步行 40 分钟去上班。那时我的梦想很小，就是想快点赚钱，租个大一点的房子。为了这个小梦想，我努力坚持着。

有一天，我却被一个冒充小区业主的大姐骗去了 20 块钱，这让我既心疼又难过，奶奶甚至心疼得两天都没睡好觉。同时，这件事也深深地刺痛了我："为什么 20 块钱就让我如此狼狈？难道这辈子就这样过了吗？"

我必须改变，而且是立即、马上行动。于是在 2013 年，我辞去了交管所那份安稳工作，去了一家企业管理公司当实习生，每天的工作就是穿梭于城市中的各大办事处，收集一些税收政策及最新资讯，还要负责帮客户送资料。工作时间基本都是每天 5 点起床，晚上 10 点下班，一周工作 6 天。但那时我连抱怨的资格都没有，因为我跟一些经济条件好的同事不一样，我必须要把一天的时间活出两天的精彩，必须每天多学一点、再多学一点，让自己加速迭代。

这份工作让我得到了很充分的锻炼，不仅让我积累了许多政策性的经验，还将我磨炼得更加坚强，对于各种信息的捕捉也更加敏捷。为此，我也获得了很多客户的认可。

半年后，我辞去了这份工作，开启了创业之路，主营方向仍然与我以前的工作相似，即帮助一些中小企业解决创业政策不清所导致的浪费时间、金钱等一系列问题，并为之提供一套行之有效的方法。

为了能尽快拓展业务，我继续拿出以前不怕吃苦的精神，每天背着一大包公司的宣传册，到街上的一家家门店、写字楼里的一家家公司去分发，还要问人家需不需要企业咨询服务，哪怕免费做都可以。

那段时间是我身心最为疲惫的一段日子，我的体重一下子从原来的 100 斤下降到 70 斤。然而即便这样，公司也有好几个月没能签到单。我甚至都想放弃了，因为我少得可怜的积蓄根本不足以支撑我的日常开支。然而一想到奶奶，想到我们现在和未来的生活，我硬是咬着牙坚持了下来。

终于，我迎来了人生的第一单，总价是180元，这让我和奶奶兴奋得一夜未眠。这180元也给了我极大的鼓励和信心。此后，从几百元的小单到上千元的单子，再到后期上万元的大单，我的生意渐渐好了起来。

2014年7月，我用第一桶金租了一间30平方米的办公室，招了第一个员工，正儿八经地走上了真正的创业之路。到2017年，我的团队已经有60多人，原来租来的30平方米的办公室也变成了自购的300平方米的写字楼。

然而好景不长，随着互联网事业的蓬勃发展，只懂做线下业务的我们渐渐陷入了困境。对外，提供线上服务的公司越来越多，对我们造成了极大的压力；对内，由于人员不断增加，不太擅长管理的我也被越来越多问题所困扰，比如，不知如何激发员工的积极性、组织会议抓不准要领等。

这样的结果，就是公司的业绩不断下滑。我意识到，这时候如果还原地踏步，结果只有死路一条。我该怎么做？这个人生命题又开始在我脑海中无限循环。

2018年9月28日，这是我永远不会忘记的一天。这一天，我看到了《人生效率手册》这本书，并立即被作者圈粉。书中提到找人生蓝图、学习五环法、时间管理、精力管理等，让我茅塞顿开，原来一切问题都有方法，一切行为都有模式，而此前的我却浑然不知。

通过阅读这本书，我也发现了自己身上存在的最大问题：思维过于局限，只看到事物的表象，却未能看到表象后面的本质问题。曾经的我，只看重公司的业绩，却从未带领同事们坚持学习，紧跟时代的脚步，不懂得把握时代的发展趋势。在公司出现问题时，也只认为是公司出了问题，而事实上是我这个管理者自己出了问题。

于是，我开始关注自我提升，读书、参加各种培训课和"以人为师"计划，输入的同时也没忘记输出，我开始练习演讲，开始写作。在这个过程中，有不明白的，就找其他人问；自己学明白的，就尽量跟别人分享。

后来，我又接触到洪明基老师的"六力理论"，洪老师在其中提到了执战力，并强调，因为竞争不断加剧，我们无法在一切都准备好时再开始做事。在资源有限、管理陷入困境或人财物都很匮乏的情况下，就必须重新整合资源，打造企业的执战力。

这种观点再次提醒了我：我们现在不正是陷入资源有限、管理困境之中吗？我要做到的就是重新整合资源，提高执战力。于是，我带领公司的年轻员工一起早起共读一本书，每周专门抽出一下午时间，大家一起探讨本周所学的知识、经验等；还在公司举办"励志币"运动会，来提升公司的企业文化和企业的凝聚力……

努力从来不会被辜负，通过大家的共同努力，公司慢慢走上了正轨，业绩再次呈现上升趋势。更重要的是，曾经当众讲话两腿都要发抖的我，经过一年多的学习和努力，如今不但实现了能够轻松上台演讲，还打磨出一套"演讲五步法"，并开始教授别人职场演讲技巧，助力他们如何顺利通过面试、提升职场竞争力、提升企业管理者修炼团队的技能。现在的我，不仅找到了人生的方向，也找到了一份热爱的事业，同时在不断践行着利他精神，已经帮助 60 多位小伙伴告别了演讲恐惧，实现了敢说、能说、会说，让演讲成为他们职场上的强大助力。

没有方向、没有目标的努力是没有意义的，希望我们都可以正确地、长期地聚焦一件事情，坚持不懈，全力以赴地实现我们想要的目标。

纵有疾风起，人生不言弃；风起云涌时，奋力求生存！

康 康
·Title 盛云企业管理有限公司创始人 ·微博 思必奇－康康

创业只有两步：第一步，设定清晰的目标；第二步，为目标全力以赴。

坚持实践，
带娃创业"两手抓"

我是大 Hi，一位产后 6 个月就辞职创业的辣妈运营官。

如果你问我，为什么我可以这么"拼"，我只想说，在有限的资源下，只有从尽力而为做到全力以赴，同时不断挑战自我、不断实践，才能真正实现带娃创业"两手抓"。而这份"全力以赴去实践"，就是在 2019 年青年大会现场，洪明基老师为我们解读的关于执战力的内容。

2017 年上半年，我还是一位每年飞行 8 万多公里的市场经理，长久的出差生活导致我的作息生活很不规律，身体也越来越吃不消，曾尝试"用早起倒逼早睡"，却又总是不得要领。

直到 2017 年 6 月，因为《人生效率手册》这本书，我被作者圈粉，并加入了早起打卡社群，开始坚持早起运动、学习。连续一个多月，每天早晨 1 个多小时的坚持，让我的身体逐渐摆脱了亚健康，心态也渐渐从之前的疲惫中恢复过来。

2017 年后期，我创建了"Hi 小姐"个人品牌，在全球女性峰会上发表演讲。2018 年年初，我以"Hi 式复盘"创始人身份加入"下班加油站"知识 IP。这期间，我所带领的复盘社群和复盘演讲活动影响了 3000 多位伙伴，成为平台爆款。

2018 年，我幸福地怀了宝宝，虽然怀孕让我身心有些疲累，但丝毫没有影响我的工作热情。在孕后期，我又加入青创客，和搭档陆娴一起运营"财富高效能"第一期，赚到了人生的第一桶金——22 万元。

或许在很多人看来，我的人生似乎顺风顺水，但是我想说，一个人最痛苦的不是她从未盛开，而是直接从巅峰跌入了谷底。

2019 年 1 月，在我远程统筹运营青创客项目没多久后，宝宝出生，而我的生活也由此完全被颠覆。

如果说顺产生孩子的"十级"之痛是风驰电掣，那么坐月子时的喂奶之苦便是每天用锯刀在给自己"上刑"。身体的痛苦让我常常在冷汗中醒来，通过认真审视我才发现：整个孕期我胖了50 斤，妊娠纹在看不见的地方疯长；我的情绪疏解能力变得越来越糟糕，一点点不如意就泪流满面；我的本职工作也因为宝宝的到来而没办法继续进行。后来再回到曾让我风光无限的社群，很多人都已经不认识"Hi 小姐"了。连续的打击，让我陷入了轻度的产后抑郁。

但很庆幸的是，青创客项目在关键时刻化作一道光，让徘徊在黑暗之中的我看到了方向。洪明基老师在讲"六力理论"之一的执战力时曾说："在创业过程中，不仅能做事，还要善总结。"于是我开始复盘有关执战力的内容，对洪明基老师的理论有了更深入的理解，对在资源有限情况下如何克服困难、如何构建目标与结果之间的桥梁等，都有了新的认识。

于是，产后 4 个月，我丢掉了之前"自嗨"式的坚持模式，开始投身于专业运营学习，洞悉社群本质。产后 6 个月，我为自己设立了新的目标，并辞职开始自己创业，将自己从 0 到 1 打造个人品牌的社群运营经验拆解落地，完成了项目内测。产后 7 个月，我的"早鸟价"999 元训练营上线，仅仅 10 天就有 50 多人报名参加。利他就是最好的助己，在这期间，我成功瘦身 50 斤，恢复了之前的自信。

因为对执战力的解读，我实现了以前想都不敢想的目标，缩短了知道和做到的距离；因为对执战力的运用，我找到了对的方法，并坚持实践，用结果说话。在执战力的助力下，我也更相信未来可期。现在，我正准备成立一家社群运营服务公司，助力更多青年，用社群运营实现个人品牌从 0 到 1 实现价值变现，在 5G 时代获得一席之地。而在运营公司期间，我也会努力让执战力成为公司内部的一种文化，将其更好地发展下去。

Hi 小姐
·Title Hi 式复盘创始人 ·微博 我是 Hi 小姐

在有限的资源下，克服困难，全力以赴，搭起目标和结果之间的有效桥梁，才能实现"来即能战，战即能胜"的目标。

坚持自我管理，
遇见更好的自己

　　我是坚持自我管理的冬梅姐，也是一名在国企从事水利科研的工作者。很多人可能会困惑，这么好的铁饭碗单位，不好好工作，瞎折腾什么？其实你们看到的只是表象。

　　我曾经是一名资深"懒癌"患者，工作不到最后一刻都不会着急，拖延症非常严重，每天看似忙忙碌碌，效率却非常低下，而且几年都静不下心看完一本书，也没时间高质量地陪伴家人。然而在生活中，我又特别喜欢挑剔别人，抱怨同事不给力，抱怨老公不顾家，抱怨孩子学习没长进，活生生地把自己练成了一名怨妇。一旦陷入情绪焦虑，就喜欢刷手机，经常刷剧到凌晨一两点，工作生活都是一团糟。

　　我讨厌这样的自己，开始寻求改变。偶然间在喜马拉雅平台上听到了"人生效率手册"课程，觉得很受启发，同时也意识到自己在时间管理方面确实很糟糕，非常有必要改善一下。于是就购买了课程，进入社群准备跟随伙伴们一起每天早起，打卡学习。

刚开始时，我总是起不来，打卡也是三天打鱼两天晒网。尤其报名不久后冬天就来了，每天要早早从暖和的被窝里爬起来，对我来说简直太困难了。幸亏群里有一群努力、奋进的小伙伴每天监督和鼓励我，组长甚至还专门找我"谈话"，帮我分析怎样才能克服眼前的困难，养成早起的习惯。老公也很支持我，担心我早起太冷，专门为我买了一套加热地毯，每天早晨还会在我学习期间为我准备早餐。

在伙伴的鼓励和家人的陪伴下，我慢慢改变了自己的生物钟，早起也渐渐变得不再那么困难。至今，我已坚持了600多天早起了。这样的生活习惯也让我有了更多属于自己的时间，或学习、或运动、或为家人准备一顿美味的早餐。更重要的是，这个坚持让曾经那个抱怨连连的我慢慢变得阳光积极、正能量满满。

这期间，我也在不断学习使用《赢效率手册》和《总结笔记》来管理自己的工作和学习时间。开始的时候困难重重，每天计划是计划、实际是实际，根本无法对接，本来做好的计划也因为中间的种种变化而难以完成。这一度让我认为那些所谓的时间管理方法根本不适合自己。

但我并未就此放弃，而是想换个方法再试试。后来，我加入了"150天坚持使用《赢效率手册》和《总结笔记》励志计划"，并申请担任小组长。为了能带领十几名小伙伴每天做好时间安排，我以身作则，每天5点30分起床后，提前做好当日的目标计划及排程，然后和伙伴们一起按照计划去完成当日的工作。虽然计划偶尔仍会被计划外的事情打乱，但更多时候我已经可以很好地坚持和实施，并渐渐学会从容地应对工作中的意外情况。

这种积极乐观的状态也给我的工作带来了巨大转机，不但让我获得了升职和加薪的机会，还获得了身边同事和领导的赞誉。2018年，我负责的项目发生了重大事故，在困境面前，我没有退缩和抱怨，而是选择承担所有责任，想尽办法弥补过失，带领同事们连续加班20多天，最终取得了非常好的成绩，被甲方赞誉"用100万元的金钱干出了1000万元的价值"。

通过种种表现，领导也看到了我的能力和执战力，在学历、性别都受限制的前提下，我成功突围，很自豪地成为单位成立70年以来的第一位女性专业室主任。更令我开心的是，我的改变还影响了我的家人，曾经傲娇的老公偷偷地把我作为坚持的榜样推荐给同事；孩子也以我为榜样，和我一起建立学习目标，一起早起学习。而刚刚考上大学的小侄女，以往暑假要么睡懒觉，要么刷手机，今年暑假却像换了个人一样，每天7点钟起床，和大家一起早起学习，还积极参加学校的沙龙活动，链接高势能的老师，坚持"每日一画"的学习输出，树立自己的个人品牌……积极奋斗的这两年，既见证了我的蜕变，也见证了我对身边人的积极影响！

　　每个人都渴望成功，都希望成为命运的主宰者。但是，如果连自己都无法管理，又如何管理他人、管理团队？所以，我们首先要具备强烈的成功欲望和执战能力，把自己修炼强大，这样才能在管好自己的前提下，为更多的人带来正能量。未来，我们也才会遇到更强大、更出色的自己。我可以，你同样可以。

 冬梅姐
·Title 好习惯印刻导师 　·微博 冬梅姐自我管理

很多时候我们无法改变他人，就只有改变自己。坚持学习，锤炼自己的执战力，你就能把每一个好项目做到位。

附　录

青创客计划

政府支持

　　"青创客计划"是一项北京市朝阳区劳动服务管理中心的扶持项目。为贯彻落实党的十九大精神和"大众创业、万众创新"决策部署，顺应创业创新工作新形势、新要求，进一步推进"创业创新行动"，激发青年创业创新潜能，优化青年创业创新生态，提升青年创业创新能力，北京市朝阳区劳动服务管理中心联合青创智慧科技有限责任公司创立了"青创客"项目，旨在助力青年从 0 到 1 实现创业梦想。我们的愿景是助力 100 万名青年掌握创业的硬本领，并且提升自己的职场竞争力。青创客团队的使命是帮助一亿名青年找到人生蓝图，实现人生梦想。

　　青创客计划是从市场前景、政府政策、创业成果、网络链接四个维度，以课程引领、创业扶助、陪伴助力，政府创业大赛及政策解读、帮扶为手段，以创投、创业来带动就业领域，从而全方位助力青年创业者实现创业梦想。

　　创业是一场经验密集型的探索，是不断前行的追梦之路。在创业路上，我们都会遭遇很多问题，诸如思想意识、认知输入、实操输出、终身学习能力的提升、自我创新迭代、导师引领等，面对这些问题，"青创客计划"将一一为大家解答。我们的目标是：助力青年创新创业，不断提升创业者的竞争力，过有准备的人生！

青创客的未来与发展

　　青创客团队的使命是帮助 1000 万名青年找到人生蓝图，实现人生梦想。

　　青创客们相信：

1. 践行利他精神，收获更好的自己。

2. 学到的最高标准是会教。

3. 坚信坚持的力量。

　　用创业带动就业，用创业激发创业。让更多的人从 0 到 1 去做一件自己喜欢又有价值的事情。让更多的青年从 0 到 1 掌握创业的硬本领。而相继推出的青创客系列品牌活动更是为"寻找青创客计划"提供了有力支撑。

　　其中，青创新媒体学院就是最具代表性的活动。青创新媒体学院旨在为青年职场人和创业者打造个人品牌、提升个人竞争力提供技术型课程指导，并为技术型人才提供就业岗位，以及创业平台。

　　在"寻找青创客计划"稳步推进中，越来越多的青创客加入了青创客团队大家庭。

　　青创客团队是朝气蓬勃的。这里有具有创新力的创业者，有青春洋溢的大学生，有想要提升自我的宝妈，有依旧想要为社会奉献自己光和热的退休人员。

青创客团队是海纳百川的，这里有名校的硕士生、博士生，也有三本的本科生；这里有互联网教育的从业者，也有传统行业的代表；这里有少数民族，也有归国华侨。

青创客团队是团结奋进的，创业的路上充满了迷茫、挫折、困惑，但是他们是一群努力拼搏、积极向上的青年。他们团结友爱，彼此帮助，在创业的道路上为彼此加油、呐喊、助威！

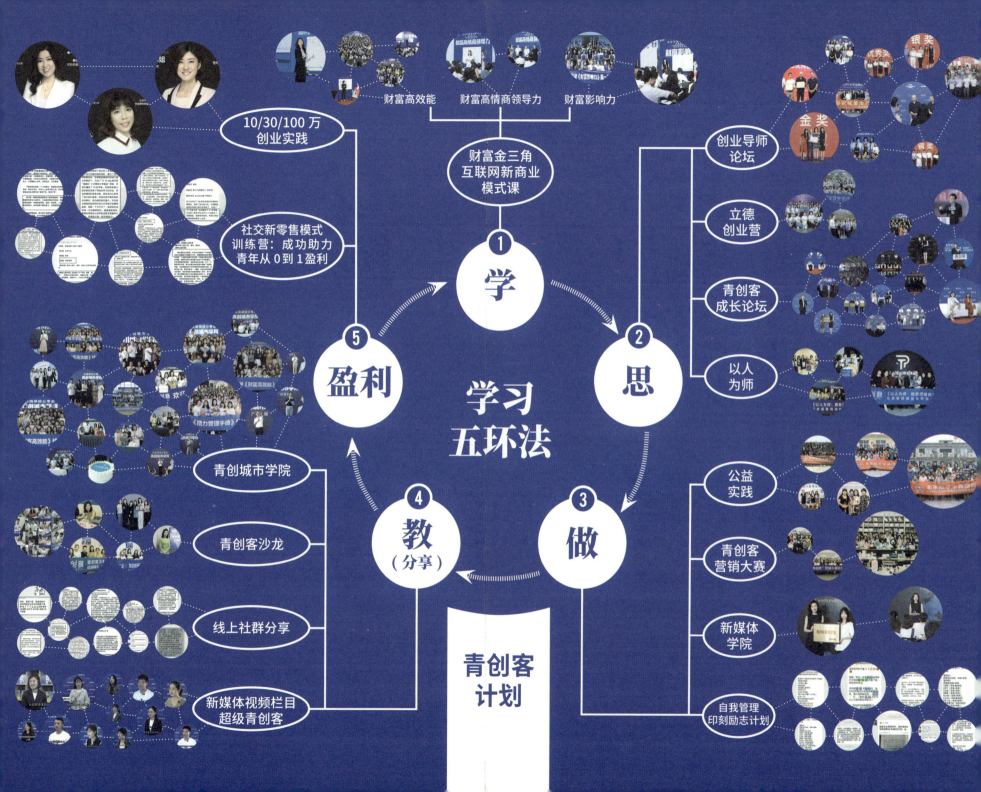

财富高效能　财富高情商领导力　财富影响力

10/30/100 万
创业实践

社交新零售模式
训练营：成功助力
青年从 0 到 1 盈利

财富金三角
互联网新商业
模式课

① 学

② 思

③ 做

④ 教
（分享）

⑤ 盈利

学习
五环法

创业导师
论坛

立德
创业营

青创客
成长论坛

以人
为师

公益
实践

青创客
营销大赛

新媒体
学院

自我管理
印刻励志计划

青创城市学院

青创客沙龙

线上社群分享

新媒体视频栏目
超级青创客

青创客
计划

金奖

银奖

优秀奖